Selbstmanagement: Die Arbeit ist ein ewiger Fluss

Lars Baus

Selbstmanagement: Die Arbeit ist ein ewiger Fluss

Gelassener arbeiten und besser leben

Springer Gabler

Lars Baus
Berlin
Deutschland

ISBN 978-3-658-09592-5 ISBN 978-3-658-09593-2 (eBook)
DOI 10.1007/978-3-658-09593-2

Die Deutsche Nationalbibliothek verzeichnet diese Publikation in der Deutschen Nationalbibliografie; detaillierte bibliografische Daten sind im Internet über http://dnb.d-nb.de abrufbar.

Springer Gabler

Springer Fachmedien Wiesbaden ist Teil der Fachverlagsgruppe Springer Science+Business Media
(www.springer.com)

Dieses Buch ist meinen guten alten Freunden Veiko, Laurent und Lenard gewidmet.

Wir sollten unser Leben als ein Spiel begreifen. Woher ich komme und wohin ich gehe, ist nebensächlich. Meine Aufgabe liegt immer nur im Augenblick.

Willigis Jäger

Über das Buch

Immer mehr Menschen sehen sich in einer zunehmend komplexen Arbeitswelt mit einem drastisch wachsenden Druck konfrontiert. Unter dem Einfluss von Globalisierung, Digitalisierung und Vernetzung wächst nicht nur der Workload unaufhaltsam, sondern auch Erwartungen, Ansprüche, Tempo und Kommunikationsaufwand nehmen rapide zu. Hinzu kommt, dass die Arbeitsabläufe häufig nicht mehr im Voraus einzuschätzen sind und der Arbeitstag einer starken Dynamik unterliegt. Eine steigende Zahl Beschäftigter leidet dabei unter einer fragmentierten Arbeitserfahrung; es gelingt ihnen kaum noch, eine Aufgabe am Stück zu bearbeiten oder sich länger als ein paar Minuten auf einen einzelnen Vorgang zu konzentrieren. Der Einfluss der ständigen Störungen, Ablenkungen und Unterbrechungen ist einfach zu stark.

Entsprechend groß ist der Stress. Und der macht auch vor dem Privatleben nicht halt. Erschöpfungssymptome und stressbedingte Erkrankungen gehören heute zum Alltag vieler Menschen. Dabei liegt es nicht nur an äußeren Faktoren, dass der Druck in unserem Leben zugenommen hat: Ursächlich ist oft unser eigenes Verhalten! Wir müssen lernen, verantwortungsbewusster und achtsamer mit den eigenen Ressourcen umzugehen. Wir müssen nicht nur andere, sondern zuerst uns selbst besser führen.

Wer in Zukunft leistungsfähig und gesund bleiben möchte, kann gleich heute anfangen, etwas dafür zu tun. In diesem Buch erfahren Sie, wie Sie mithilfe neuer Denkansätze und praxiserprobter Methoden Ihre vielfältigen beruflichen und privaten Anforderungen besser in den Griff bekommen und dabei weniger Stress erleben. Zugleich werden Sie mehr Zufriedenheit spüren und endlich auch Zeit für die Dinge finden, die Ihnen am Herzen liegen, ganz gleich ob es sich um den Job oder das Privatleben handelt.

Statt altmodischer Methoden und starrer Planung bietet Ihnen dieses Buch praktische Hilfestellung, um den Druck in Ihrem Leben zu reduzieren und zugleich die Lebens- und Arbeitsqualität zu steigern. In übersichtlichen Kapiteln werden die einzelnen Themen verständlich vermittelt und kompakte Praxisabschnitte unterstützen Sie dabei, das Gelesene in Ihrem Lebensalltag umzusetzen. Mit mehr Gelassenheit und innerem Fokus gelingt es Ihnen künftig, die wichtigen Dinge geregelt zu bekommen und zugleich ein ausgeglichenes und erfülltes Leben zu führen. So können Sie beruflich erfolgreich sein und sich zugleich besser gegen Stress und Burn-out schützen. Dabei werden Sie ganz nebenbei zum „Kapitän Ihres eigenen Lebens“.

Inhaltsverzeichnis

Der Autor

Lars Baus geboren 1967, lebt in Berlin. Als Autor, Medienberater und Trainer vermittelt er Wissen über eine ganzheitliche Lebens- und Arbeitsweise an ein breites Publikum. Sein zentrales Thema ist ein Leben im Gleichgewicht durch bewusstes Selbstmanagement. In seiner interdisziplinären Arbeit verbindet Lars Baus auf kreative Weise Elemente aus Wirtschaft, Medien und Kunst, Natur und Wissenschaft, Psychologie, Spiritualität und Medizin. Zu seinen Kunden zählen namhafte Unternehmen und Institutionen aus der Wirtschaft, den Medien und dem Bildungssektor. Lehraufträge für renommierte Hochschulen gehören ebenso zu seinem Portfolio wie die interdisziplinäre Arbeit in zahlreichen Projekten. Besonders am Herzen liegt Lars Baus das Lernen von der Natur, die auch Gegenstand seiner fotografischen Arbeit ist.

Mehr Informationen unter www.larsbaus.de.

Teil I
Einleitung

Zeitmanagement war gestern

> Wenn die Zeit nicht mein Gegner ist, sondern mein Freund, dann werde ich die Zeit anders erleben.
> Anselm Grün

Zeitmanagement war im Grunde schon immer ein Irrtum, jedenfalls als Begriff. Denn wie wir wissen, lässt sich die Zeit nicht managen. Es ist ihr relativ egal, ob wir mit To-do-Listen arbeiten oder unsere Prioritäten setzen, die Zeit läuft einfach ab – egal was wir tun. Der amerikanische Naturphilosoph Henry David Thoreau [50] hatte dies schon Mitte des 19. Jahrhunderts erkannt, als er feststellte: „Die Zeit ist nur der Fluss, in dem ich angle."

Mit dem Begriff Zeitmanagement wurde daher vor allem in den letzten Jahren etwas bezeichnet, das eher als Selbstmanagement zu verstehen ist. Anstatt erfolglos zu versuchen, Einfluss auf die Zeit zu nehmen, geht es beim Selbstmanagement nämlich darum, das eigene Verhalten bewusster zu reflektieren und sich selbst besser zu organisieren. Das herkömmliche Zeitmanagement der achtziger Jahre, bei dem empfohlen wurde, morgens einen strukturierten Plan vom anstehenden Tag zu entwerfen, die Zeitfenster zu definieren und dann alle anfallenden Aufgaben effektiv und nach Prioritäten abzuarbeiten, um schließlich am Ende des Tages alles erledigt zu haben, hat langsam ausgedient.

Warum? Ganz einfach: Die Vorstellung, mit der Arbeit jemals fertig zu werden, ist eine Illusion. Galt es Ende des vergangenen Jahrhunderts noch als ein Zeichen guter Selbstorganisation, abends einen möglichst leeren Schreibtisch zu haben, so ist dies heute schlicht nicht mehr machbar. Das hat verschiedene Gründe. Zunächst einmal ist aus dem Schreibtisch ein virtueller Desktop geworden. Die Anfragen, Aufgaben und Aufträge erreichen uns in der Regel nicht mehr als ein Haufen Briefe per Post, sondern via Telefon, E-Mail oder in anderen digitalen Formaten. Wenn wir sie auf dem Smartphone, Tablet-PC oder irgendeinem zukünftigen Medium empfangen, sitzen wir vielleicht gerade in einer Besprechung oder beim Essen, fahren Auto oder sind zu Hause.

L. Baus, *Selbstmanagement: Die Arbeit ist ein ewiger Fluss*,
DOI 10.1007/978-3-658-09593-2_1

Abb. 1 Globalisierung, Digitalisierung, Vernetzung: Zeitmanagement war gestern

Hinzu kommt, dass immer mehr Menschen in komplexen und dynamischen Strukturen arbeiten. Die Auswirkungen von Globalisierung und Digitalisierung haben dazu geführt, dass sich die Arbeitserfahrung grundlegend verändert hat. Durch die internationale Ausrichtung und vernetzte Arbeitsweise gibt es stets irgendwo einen Mitarbeiter, der gerade wach und aktiv ist. Und sollten tatsächlich einmal alle schlafen, produzieren die digitalen Systeme nach dem 24/7-Modell munter weiter neue Informationen und Anfragen. Der Druck am Arbeitsplatz ist durch diese Entwicklungen erheblich gestiegen. Erwartet wird häufig neben permanenter Erreichbarkeit und enormer Flexibilität eine kontinuierlich abrufbare Leistungs- und Entwicklungsbereitschaft (Abb. 1).

Der buddhistische Lehrer Jack Kornfield [29] beschreibt diesen Zustand anschaulich: „In einer Gesellschaft, die geradezu von uns verlangt, dass wir im Zeitraffertempo leben, sind wir derart von der Geschwindigkeit und den anderen Abhängigkeiten betäubt, dass unser Empfindungsvermögen abgestumpft ist. Unter solchen Bedingungen ist es fast unmöglich, in unserem Körper zu wohnen und mit unserem Herzen verbunden zu bleiben, geschweige denn mit anderen und mit der Welt verbunden zu sein."

Die Grenzen lösen sich auf

Weil sich die Grenzen zwischen Beruflichem und Privatem zunehmend auflösen, nimmt auch der Druck im Privatleben zu. Die Informationsflut und Kommunikationsmöglichkeiten beherrschen unseren persönlichen Alltag ebenso wie das Geschäftsleben. Das vielgestaltige berufliche Engagement, die familiären Verpflichtungen, soziale Netzwerke, gesellschaftliche Ansprüche und Konsumbedürfnisse tragen ihren Teil dazu bei, dass immer mehr Menschen das Gefühl kennen, immer weniger Zeit zu haben. Zeit ist zum Luxusgut geworden. Gerade weil sie sich nicht festhalten lässt, weil sie unwiederbringlich abläuft.

Dabei sind es keineswegs nur die äußeren Umstände, die technischen oder globalwirtschaftlichen Entwicklungen, die für diese Misere verantwortlich sind. Häufig ist es auch gerade das eigene Verhalten, das viele Menschen daran hindert, die eigenen Aufgaben effektiv zu bewältigen und dabei gesund zu bleiben. Ein wesentlicher Grund für den enormen Stress, den viele Beschäftigte heute bei der Arbeit und auch privat erleben, ist, das ihnen die Erfahrung fehlt, mit den grenzenlos erscheinenden Möglichkeiten angemessen umzugehen.

Während unsere Vorfahren viele tausend Jahre Zeit hatten, um sich von einem Leben als Jäger und Sammler in eine Agrargesellschaft mit Viehzucht und Ackerbau zu entwickeln, blieben uns gerade einmal wenige Jahrzehnte, um eine wesentlich gravierendere Veränderung zu bewältigen: das Leben mit dem Computer. Die Innovationen im technischen Bereich gehen derart schnell vonstatten, dass die meisten Menschen noch damit beschäftigt sind, das eine Gerät bedienen zu lernen, wenn bereits das nächste Modell auf den Markt kommt. Dies führt dazu, dass wir in einem Reiz-Reaktionsmuster gefangen sind: Wir reagieren nur noch auf die permanenten und zahlreichen Impulse von außen (E-Mails, SMS, Posts, Likes etc.), anstatt uns zu überlegen, was wir eigentlich wollen bzw. worin tatsächlich unsere Aufgabe besteht.

Nicht nur die zeitlichen, sondern auch die räumlichen Grenzen zwischen Arbeit und Privatem lösen sich zusehends auf. Dies hat auch Vorteile: Wir sind viel flexibler und schneller in der Aufgabenbewältigung geworden, haben mehr Möglichkeiten in der Kommunikation und können leichter auf Informationen zugreifen. Aber mit den Möglichkeiten halten auch die Probleme Einzug in unser Leben. Menschen unterbrechen ihren Schlaf, um mal kurz eine Nachricht auf dem Mobiltelefon zu beantworten, man arbeitet im Auto, isst vor dem Computer, beantwortet E-Mails auf dem Weg zur Bahn, bleibt im Urlaub oder am Wochenende erreichbar usw. Ohne hier eine einseitige Bewertung der Umstände vornehmen zu wollen, ist eines klar: Wenn die äußeren Grenzen aufgelöst werden und die Dinge ihren Platz im Leben verlieren, braucht es mehr Selbstführung, um nicht nur beruflich erfolgreich zu sein, sondern auch ein gesundes und ausgeglichenes Leben zu führen.

Was vom Zeitmanagement bleibt

Zeitmanagement gilt als die Kunst, seine Zeit nach eigenen oder durch andere (zum Beispiel Vorgesetzte, Kunden, Projektleiter) definierte Vorstellungen und in Übereinstimmung mit der getroffenen Zielsetzung sinnvoll zu nutzen. Typischerweise bezieht sich das traditionelle Zeitmanagement auf das zügige und erfolgreiche Bearbeiten gestellter Aufgaben im beruflichen Kontext. Dabei geht es nicht nur darum, wie schnell und *effizient* wir etwas in unserem Leben tun, sondern ob es auch *effektiv* ist, das heißt, ob es dazu dient, unsere tatsächlichen Ziele zu erreichen. Das klassische Zeitmanagement soll dabei

Abb. 2 Was vom Zeitmanagement bleibt

helfen, beruflich und privat mehr Erfolge zu erreichen, Pläne und Ziele zu verwirklichen. Das richtige Setzen von Prioritäten, gute Organisation und der bewusste Umgang mit der Ressource Zeit gehören dazu (Abb. 2).

Diese Vorgehensweise funktionierte in einer Lebens- und Arbeitswelt, in der die Dinge ihren festen Platz hatten und ein Arbeitsaufkommen im Vorfeld einigermaßen gut einzuschätzen war. Man konnte sich morgens hinsetzen und den Tagesablauf planen. Mit Blick auf die Prioritäten und Ziele war es dann möglich, die wichtigsten Vorgänge und Aufgaben im Griff zu haben und abends eine einigermaßen befriedigende Erfolgskontrolle durchzuführen. Dann kam nur noch der Übertrag für die kommenden Tage, und es ging halbwegs pünktlich nach Hause zur Familie.

In manchen Berufen lässt sich mit diesem Konzept auch heute noch ganz gut arbeiten; vielerorts jedoch haben gravierende Veränderungen dazu geführt, das die alte Zeitmanagementmethodik nicht mehr richtig greift. Denn viele Beschäftigte wissen heute gar nicht, was sie tatsächlich erwartet, wenn sie morgens (oder abends) zur Arbeit gehen. Zwar versuchen sie noch, den Tagesablauf zu skizzieren und eine sinnvolle Planung aufzustellen, auch Priorisieren und das Arbeiten mit To-do-Listen ist ihnen geläufig. Aber schon wenige Minuten nach Arbeitsbeginn werden sie durch eine E-Mail oder einen Anruf damit konfrontiert, dass es ganz überraschend andere Aufgaben oder Vorgänge gibt, denen sie sich widmen müssen. Und wenn sie nach einem chaotischen Tag, der neben den Fachaufgaben noch etliche Besprechungen und Informationen mit sich brachte, abends endlich nach Hause gehen wollen, fangen die Kollegen in China, Brasilien oder den U.S.A. gerade mit der Arbeit an und produzieren bereits neue Anfragen.

Einige Methoden des klassischen Zeitmanagements jedoch machen trotz aller Veränderungen auch heute noch Sinn. Das Setzen und Verfolgen von konkreten Zielen, das Organisieren von Aufgaben, Arbeiten nach Prioritäten usw. helfen uns nach wie vor, eine bessere Lebens- und Arbeitsqualität zu erreichen. Es spricht auch nichts gegen das Arbeiten mit To-do-Listen. Jedoch reicht dieser methodenorientierte Ansatz häufig nicht mehr, und in manchen Bereichen ist das „alte" Zeitmanagement einfach an seine Grenzen gestoßen. Das liegt vor allem daran, dass der enorme Druck und die gewachsene Komplexität sich nicht wirklich mit Techniken bewältigen lassen.

Viel entscheidender ist, mit welcher inneren Haltung wir alledem begegnen. Und ob es uns künftig gelingt, unsere Aufmerksamkeit bewusster zu steuern, uns auf die wichtigen Dinge zu konzentrieren und dabei zugleich flexibel zu bleiben. In Zukunft wird es also nicht mehr in erster Linie darum gehen, den Terminkalender ordentlich zu führen, sondern vor allem sich selbst. Ziel dabei ist nicht nur, eine gute Leistung zu erbringen, sondern auch gesund zu bleiben und sich in seinem Leben zuhause zu fühlen. Zeitmanagement war gestern, es wird Zeit für ein ganzheitliches Selbstmanagement!

Die Arbeit ist ein ewiger Fluss

> Es genügt nicht, nur fleißig zu sein – das sind die Ameisen. Die Frage ist vielmehr: wofür sind wir fleißig?
> Henry David Thoreau

Ein wesentlicher Punkt, der sich im Vergleich zum klassischen Zeitmanagement geändert hat, ist der Umgang mit dem sogenannten *Workload*, der Arbeitsbelastung. Durch den Einfluss von Globalisierung, Digitalisierung und Vernetzung ist der Workload in vielen Berufen erheblich gestiegen und wird dies auch weiterhin tun. Es ist für die einzelnen Menschen häufig nicht mehr möglich, diesem Volumen, dieser Komplexität und dieser Geschwindigkeit umfassend gerecht zu werden. Alles ist vernetzter, dynamischer und schneller geworden: die Informationsflut, die Kommunikationsmöglichkeiten und -anforderungen, schließlich die Aufgaben selbst. Konkret bedeutet dies, dass die Menschen heute nicht nur mit viel mehr Aufgaben, sondern auch mit einem viel höheren Druck als noch vor einigen Jahren konfrontiert sind. Wer unter solchen Bedingungen versucht, sein Arbeitspensum auf die gelernte Art und Weise zu bewältigen, befindet sich von vornherein auf verlorenem Posten. Der Grund dafür ist simpel: Es ist ganz einfach nicht mehr zu schaffen – egal wie sehr man sich bemüht.

Anstatt erfolglos zu versuchen, die schiere Arbeitsmenge in den Griff zu bekommen und sich dabei bis an den Rand des Zusammenbruchs zu verausgaben, ist Umdenken gefragt. Wir müssen den Umgang mit unserer Arbeit neu definieren. Hier kann es aufgrund der genannten Veränderungen nicht mehr darum gehen, die Arbeit insgesamt zu „schaffen", sondern wichtig ist vor allem, dafür zu sorgen, dass die wichtigen Aufgaben und Prozesse gut laufen. In der Konsequenz bedeutet dies, dass wir lernen müssen, uns souverän durch einen permanenten, nicht abreißenden Aufgabenstrom zu bewegen. Wir können uns vor diesem Hintergrund die Arbeit wie einen großen Fluss vorstellen, der von vielen Quellen gespeist wird und unaufhörlich fließt: Die Arbeit ist ein ewiger Fluss!

L. Baus, *Selbstmanagement: Die Arbeit ist ein ewiger Fluss*,
DOI 10.1007/978-3-658-09593-2_2

Das Ziel beim Arbeiten besteht nun nicht mehr darin, alle Aufgaben zu bewältigen, sondern den Kopf über Wasser zu halten. Das bedeutet, sich immer wieder zu entscheiden: „Was ist jetzt wichtig? Worauf richte ich meine Aufmerksamkeit?“ Damit wir nicht untergehen und handlungsfähig bleiben, müssen wir uns zugleich immer wieder von Ballast befreien. Das sind unwichtige Aufgaben, Störungen, Ablenkungen, Unterbrechungen und Zeitdiebe. Wie gut uns das gelingt, ist nicht in erster Linie eine Frage der richtigen Techniken, sondern vor allem Ausdruck einer inneren Haltung.

Wo endet die To-do-Liste?

Manchmal schwillt der Aufgabenfluss an und wird zu einem reißenden Strom, und dann wieder fließt er ruhiger. Wenn wir arbeiten, dann schwimmen wir in diesem Strom von Aufgaben. Morgens kommen wir zur Arbeit und steigen ins Wasser, abends gehen wir wieder an Land und am Wochenende ruhen wir uns aus. Egal wie schnell wir jedoch schwimmen, es ändert nichts an dem Fluss (Abb. 1).

Angenommen, Sie haben morgens zehn Aufgaben auf Ihrer To-do-Liste stehen und legen sich ordentlich ins Zeug, um diese alle zu bearbeiten. Und nehmen wir an, Sie schaffen es tatsächlich, um 16:00 Uhr damit fertig zu sein. Was ist in der Zwischenzeit passiert? Richtig, es sind schon wieder viele neue Aufgaben entstanden. Und das geht immer weiter so. Denn dieser Strom von Arbeit lässt sich nicht wirklich „in den Griff bekommen“ wie die vergleichsweise übersichtlichen und einfacher strukturierten Anforderungen vergangener Jahrzehnte. Die Projekte von heute sind um ein Vielfaches dynamischer, vernetzter und komplexer. Es ist beim besten Willen nicht möglich, alle anstehenden Aufgaben zu bewältigen, welche Methode wir auch einsetzen, egal wie diszipliniert wir sind. Das Ende der To-do-Liste wird niemals erreicht.

Abb. 1 Die Arbeit ist ein ewiger Fluss

Daher geht es beim Arbeiten heute auch nicht darum, den Fluss leer zu schöpfen, sondern sich auf das Schwimmen zu konzentrieren. Das bedeutet, wir wollen nicht mehr um jeden Preis schnell fertig werden, um dann gleich die nächste Aufgabe zu erledigen, sondern wir achten darauf, eine möglichst gute Arbeitsqualität zu erleben. Dabei stellen wir sicher, dass die wichtigsten Dinge geregelt sind und wir zugleich vital bleiben und auch die Freude am Arbeiten nicht verlieren. Denn morgen und übermorgen fließt der Aufgabenstrom weiter. Wir können es auch so verstehen, dass dieser Fluss Aufgaben zu uns trägt und uns im Grunde ernährt. Deswegen wollen wir auch nicht, dass er versiegt, sondern lernen, im Einklang mit ihm zu leben.

Arbeit wird zum Prozess

Das Geheimnis einer guten Arbeitsleistung liegt darin, sich die Kräfte sinnvoll einzuteilen – eher wie bei einem Marathon als bei einem Sprint. Wir müssen uns also neben der Erbringung von Leistung auch um die Pflege unserer Ressourcen kümmern. Wenn wir die Arbeit als einen kontinuierlich ablaufenden Prozess begreifen, an dem wir phasenweise beteiligt sind, fällt das leichter. Wir sind dann nicht mehr so auf das „Beenden" der Arbeit fixiert, sondern konzentrieren uns mehr auf die Qualität der Durchführung, auf den gegenwärtigen Moment.

Wir müssen uns von der Vorstellung, jemals mit der Arbeit fertig zu werden, verabschieden. Stattdessen können wir lernen, loszulassen und uns mit dem, was wir gerade tun, wohlzufühlen. Das klingt einfach, ist aber schwer. In der Tat ist es heute wichtiger denn je, das Loslassen zu üben, auch das Loslassen von Aufgaben. Wir müssen begreifen, dass Arbeit heute nichts Absolutes mehr ist, kein bestimmter Vorgang mit einer abgeschlossenen Zahl von Arbeitsschritten.

Arbeiten in Zeiten von Internet und Globalisierung bedeutet, sich in einen häufig bereits laufenden Prozess einzuklinken, daran unter Einsatz der eigenen Kompetenzen und Fähigkeiten so gut wie möglich mitzuwirken und die gewünschten Ergebnisse zu produzieren, sich aber schließlich wieder aus dem Prozess zu verabschieden, damit anschließend andere daran weiterwirken. Wer das verstanden hat, kann leichter loslassen.

Subjektive und genormte Zeit

> In Madagaskar galten „ein Reiskochen“ oder der Augenblick, den man benötigte, um eine Heuschrecke zu rösten, als allgemein akzeptierte Zeiteinheiten.
> Alvin Toffler

Schon in der Antike war man sich bewusst, dass alles im Leben seine Zeit hat. Die alten Griechen kannten sogar zwei Zeitsysteme, Chronos und Kairos. Das Interessante daran: Sie haben heute mehr denn je ihre Berechtigung, weil sie uns einerseits helfen, Dinge geregelt zu bekommen, und andererseits ein ausgeglichenes Leben ermöglichen. Wer Chronos und Kairos bewusst im eigenen Leben nutzt, kann damit nicht nur seine Aufgaben gut bewältigen, sondern auch den Druck reduzieren und eine bessere Lebensqualität schaffen.

Chronos: Die genormte Zeit
Die messbare, regelmäßig ablaufende Zeit wurde in der Antike *Chronos* genannt. Sie stellte einen *Zeitkompromiss* dar, auf den sich die an einem bestimmten Ort Lebenden verständigen. Das Chronos-Zeitprinzip wurde genutzt, um sich zu verabreden oder Aufgaben in einem bestimmten Zeitraum zu erledigen. Gerade für größere Vorhaben mit mehreren Beteiligten oder wenn es auf Pünktlichkeit ankam, half das Chronos-Prinzip bei der Organisation und Umsetzung (Abb. 1).

Chronos-Zeit lässt sich heute mit Uhren und Kalendern bestimmen und kann auch als Umgebungszeit oder offizielle Zeit verstanden werden. In unserem modernen Leben realisiert sie sich in geregelten Arbeitszeiten, Terminen, Fristen, zeitlichen Vorgaben usw., also im Grunde in allen zeitlich definierten Abläufen und Ereignissen. Erst durch dieses Prinzip werden Aktivitäten und Ressourcen genauer kalkulierbar. In Chronos-Situationen gehen wir mit unserer Umgebung einen Zeitkompromiss ein, bei dem wir unser eigenes Tempo, die Eigenzeit, der offiziell definierten Zeit unterordnen. Dies dient vor allem der Produktivität, erleichtert die Organisation und optimiert die Zusammenarbeit mit anderen.

L. Baus, *Selbstmanagement: Die Arbeit ist ein ewiger Fluss*,
DOI 10.1007/978-3-658-09593-2_3

Abb. 1 Subjektive und genormte Zeit

Allerdings hat das Chronos-Prinzip auch einen Nachteil. Durch die genauere Bestimmung von Zeitaufwand, Ressourcenverbrauch und Ergebnis ist es mit Beginn der Industrialisierung möglich geworden, Produktivitätsprozesse zu analysieren und Maßnahmen zu ergreifen, um die Produktivität zu steigern. Einfach ausgedrückt führt das Chronos-Prinzip in Verbindung mit dem Optimierungsgedanken dazu, dass immer mehr Leistung in immer kürzerer Zeit gefordert wird. Dieser Effekt wird durch den Einfluss der Globalisierung, Digitalisierung und Vernetzung noch weiter verstärkt. Durch das Chronos-Prinzip entsteht Druck, es bedeutet: „Ich habe keine Zeit, die Zeit hat mich."

Kairos: Die subjektive Zeit
Aber die alten Griechen kannten noch einen alternativen Umgang mit Zeit. Sie wussten damals bereits, dass Zeit nicht immer gleich Zeit ist, dass sie von verschiedenen Menschen in unterschiedlichen Situationen individuell anders erlebt wird. Dieses Zeitprinzip nannten sie *Kairos*, die subjektive Zeit. Wir würden Kairos heute als *Eigenzeit* bezeichnen. Dieses Prinzip repräsentiert unser individuelles Zeitgefühl und richtet sich nicht nach Stunden, Minuten oder Sekunden, sondern nach gefühlter Dauer.

Es geht beim Kairos-Prinzip nicht um Pünktlichkeit, sondern um den richtigen Augenblick. Und eine Aktivität oder Aufgabe dauert danach eben so lang, wie sie dauert. Bis sie entweder beendet ist oder unterbrochen wird. Der Benediktinerpater Anselm Grün [17] sagt dazu passend: „Wenn ich ganz im Augenblick bin, dann erlebe ich die Zeit nie als eng und begrenzt. Ich bin jetzt in diesem Augenblick. Und dieser Augenblick ist mir geschenkt.“ Wer nach dem Kairos-Prinzip handelt, tut Dinge dann, wenn sie richtig oder passend erscheinen, und nimmt sich dafür so viel Zeit wie nötig. Dadurch stellt sich ein gänzlich anderes Zeiterleben ein. Eine Arbeit, die auf diese Weise erledigt wird, kann ohne Zeitdruck und mit entsprechender Hinwendung vonstattengehen. Das Kairos-Prinzip entspricht eher unserer intuitiven Wahrnehmung von Zeit. Es bedeutet: „Ich lebe die Zeit.“

Wer sich mehr am eigenen Zeitgefühl orientiert und häufiger nach dem Kairos-Prinzip vorgeht, lebt stärker im Einklang mit sich selbst und den persönlichen Bedürfnissen. Dadurch werden Druck und Stress spürbar reduziert. Dies kann aber auch zu Konflikten mit dem Umfeld führen, da naturgemäß jeder Mensch sein eigenes Zeitempfinden hat und Verabredungen, Termine oder die gemeinsame Bewältigung von Aufgaben schwieriger werden.

Ausgeglichen leben mit Chronos und Kairos

Während ein Leben nach dem Chronos-Prinzip dazu führt, dass Menschen sich fremdbestimmt oder gestresst fühlen können und häufig unter Zeitmangel leiden, hilft ein gemeinschaftlich etabliertes Zeitsystem auf der anderen Seite, das Zusammenleben und -arbeiten besser zu koordinieren. Das funktioniert nicht gut, wenn die Beteiligten nur nach dem Kairos-Prinzip leben, allerdings leiden diese weniger unter Stress und Zeitdruck und können ihre persönlichen Bedürfnisse besser ausleben. Wer nicht nur beruflich und sozial erfolgreich sein, sondern auch gesund und ausgeglichen leben möchte, braucht beide Zeitstrategien. Das Chronos-Prinzip kann helfen, sich mit anderen zu koordinieren, und das Kairos-Prinzip schafft einen wirksamen Ausgleich.

Nicht nur in der Antike, sondern auch in unserer Kultur gibt es Raum genug für beide Zeitprinzipien. So sind etwa Sonn- und Feiertage, Urlaube, aber auch der Feierabend typische Kairos-Zeiten. In diesen Momenten haben wir die Möglichkeit, die Dinge in unserem eigenen Tempo zu tun, ohne ständig auf die Uhr zu schauen. Häufig aber werden diese wichtigen Kairos-Inseln ebenso dem Chronos-Diktat unterworfen wie die Zeit am Arbeitsplatz. Die Freizeit ist bei vielen Menschen in den modernen Industriegesellschaften derart mit zeitgebundenen Aktivitäten durchgetaktet, dass sie bisweilen stressiger erscheint als die Arbeitszeit.

Gerade für Menschen, die sich durch zu viele Termine und Aufgaben gehetzt und gestresst fühlen, ist es wichtig, mehr Kairos-Zeit in den Alltag zu bringen. Das kann nach Feierabend geschehen oder eventuell auch mal während der Arbeit, wenn es passt. In jedem Fall bedeutet mehr Kairos auch mehr Gelassenheit. Um das zu erleben, müssen wir aber nicht gleich alles auf den Kopf stellen – oft reicht es schon, gewisse Dinge einmal anders anzugehen, ohne dabei ständig an die Zeit zu denken.

Teil II
Wo stehe ich und wo möchte ich hin?

Die fünf Lebensbereiche

> Arbeit ist schön. Ich kann mich auf sie einlassen. Da fühle ich mich lebendig. Aber ich brauche auch einen inneren Abstand zur Arbeit. Ich muss mir immer bewusst sein, was das eigentliche Ziel meines Lebens ist. Und das besteht nicht darin, möglichst viel zu leisten, sondern darin, meine ganz persönliche Lebensspur in diese Welt einzugraben.
> Anselm Grün

Die Berücksichtigung der verschiedenen Lebensbereiche ist wichtig für einen ausgeglichenen Lebensstil mit weniger Druck und mehr Konzentration auf das Wesentliche. Wenn wir uns unsere Lebensarchitektur als ein Haus vorstellen, dann steht es gewissermaßen auf fünf Säulen. Sie repräsentieren die Lebensbereiche *Aufgabe*, *Beziehungen*, *Körper*, *Ausgleich* und *Sinn*. Ganzheitliches Selbstmanagement bedeutet, dieses Haus in Ordnung zu halten und dafür zu sorgen, dass es nicht nur bewohnbar, sondern auch ein wirkliches Zuhause ist. Das Fünf-Säulen-Modell als Instrument kann uns dabei helfen, unser Leben ganzheitlicher zu sehen und die Wechselwirkungen zwischen den einzelnen Lebensbereichen zu verstehen, wie Abb. 1 zeigt.

Im Gleichgewicht bleiben

Sinn eines gelungenen Selbstmanagements ist, die Lebensarchitektur stabil zu halten, indem wir uns regelmäßig um die Erhaltung und Pflege der fünf Lebensbereiche kümmern. Die Vorstellung, immerzu alle Lebensbereiche gut im Griff zu haben, ist jedoch eine Illusion. Vielmehr geht es darum, sich bewusst zu machen, welche Elemente wir in unserem Leben haben möchten, welche Bedeutung sie für uns einnehmen und wie sehr wir uns für die einzelnen Bereiche engagieren (Abb. 2).

Im Laufe unserer Biografie durchleben wir verschiedene Lebensphasen, von der Kindheit und Jugend über das Erwachsenenalter bis zum Ruhestand und schließlich dem hohen Alter. In jeder Lebensphase verändern sich Bedürfnisse, Prioritäten und Rahmenbedingungen, wie Sie im Kapitel „Die eigene Biografie verstehen" erfahren werden. Daher ist

L. Baus, *Selbstmanagement: Die Arbeit ist ein ewiger Fluss*,
DOI 10.1007/978-3-658-09593-2_4

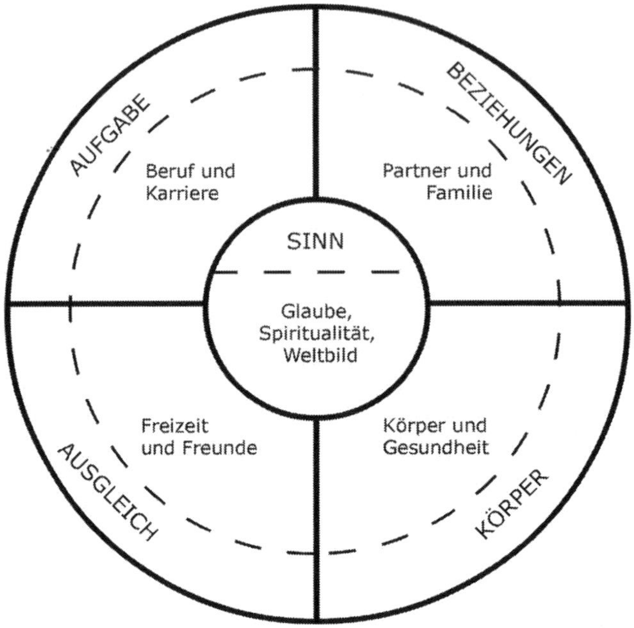

Abb. 1 Die fünf Lebensbereiche

es ganz natürlich, das für gewisse Zeit ein oder mehrere Lebensbereiche im Vordergrund stehen und viel Zuwendung erfordern, während andere weniger Bedeutung haben und etwas vernachlässigt werden. Wichtig ist dabei vor allem, dass wir uns dessen bewusst sind und ein Gespür dafür entwickeln, was nötig und sinnvoll ist, um unser Leben im Gleichgewicht zu halten.

Abb. 2 Im Gleichgewicht bleiben

Ein Haus kann vorübergehend auch auf vier Säulen noch gut stehen, vielleicht sogar auf dreien. So können wir beispielsweise den Verlust unseres Arbeitsplatzes, eine Trennung oder Krankheit besser bewältigen, wenn unsere anderen Lebensbereiche stabil sind. Aber spätestens wenn mehrere Lebenssäulen brüchig sind, gerät die Lebensarchitektur ins Wanken und eine ernsthafte Krise stellt sich ein. Um dies zu verhindern, müssen wir immer wieder Prioritäten setzen und Entscheidungen treffen. Da es kaum möglich sein wird, allen Lebensbereichen vollständig gerecht zu werden, können wir uns zumindest bewusst machen, was für uns oder unsere Familie am wichtigsten ist und diese Bereiche sorgsam pflegen. Je besser es uns gelingt, auch den anderen Lebensbereichen Aufmerksamkeit zu schenken, umso stabiler und belastbarer wird unsere Lebensarchitektur. Dadurch werden wir nicht nur ausgeglichener, sondern unser Leben wird bunter, es macht einfach mehr Spaß!

Lebensbalance als Alltagsdisziplin

Wie gelingt es in der Praxis, das Leben ins Gleichgewicht zu bringen? Das Herstellen einer stabilen Lebensbalance erfordert Disziplin im Alltag. Immer wieder müssen wir entscheiden, worauf wir unsere Aufmerksamkeit richten, wofür wir uns engagieren und wie wir mit den Anforderungen der einzelnen Lebensbereiche umgehen. Damit wir in der Lage sind, die richtigen Entscheidungen für unser Leben zu treffen, brauchen wir eine konkrete Vorstellung davon, wie wir leben wollen. Voraussetzung dafür ist, dass wir unsere Werte, Bedürfnisse und Ziele kennen.

Unsere Arbeits- und Lebensbedingungen verändern sich kontinuierlich und so bleibt auch die Lebensbalance eine dauerhafte begleitende Aufgabe. Was vielen dabei nicht bewusst ist: Jede Entscheidung hat einen Preis! Das bedeutet, wenn wir Zeit und Energie in einen bestimmten Lebensbereich investieren (etwa in die Karriere oder den Sport), dann haben wir weniger davon für andere Lebensbereiche übrig. Das liegt ganz einfach daran, dass der Tag nur 24 h hat und uns nicht unendlich viele Ressourcen zur Verfügung stehen.

Insofern ist es bei wichtigen Entscheidungen, etwa dem Hausbau, einem Jobangebot oder der Familienplanung sinnvoll, sich im Vorfeld in Ruhe seine Lebensarchitektur anzusehen und zu prüfen, welche Auswirkungen die anstehende Entscheidung auf das eigene Leben haben wird. Und ob man bereit ist, den Preis dafür zu zahlen. Diese Mühe lohnt sich in jedem Fall, denn eine ausgeglichene Lebensweise verleiht uns die für die vielfältigen Anforderungen in Job und Privatleben nötige Stabilität, Gelassenheit und Belastbarkeit.

Aber auch und gerade im hektischen Alltag zeigt sich, ob unser Leben im Gleichgewicht ist: Gehen wir rechtzeitig nach Hause oder machen wir wieder einmal Überstunden? Rufen wir am Wochenende öfter berufliche E-Mails ab? Können wir uns bei der Arbeit gut konzentrieren? In die Kantine oder um den Block gehen? Heute Abend mal bei einem Freund anrufen? Oft sind es gerade die kleinen Entscheidungen des Alltags, die einen spürbaren Unterschied machen. Dabei geht es nicht nur darum, was wir tun oder lassen, sondern auch mit welcher inneren Haltung und Bewusstheit wir unsere Tage verbringen.

Lernen Sie, bewusster zu leben. Versuchen Sie, aktiv Impulse zu setzen. Nehmen Sie sich regelmäßig Auszeiten und gewinnen Sie auch mal Abstand zur Arbeit. Werfen Sie ab und zu einen Blick auf Ihr Leben: Stimmt die Richtung noch? Horchen Sie aufmerksam in sich hinein und nehmen Sie Ihre inneren Signale ernst. Vertrauen Sie dabei Ihrer Intuition, Ihrem Bauchgefühl. Was sagt es Ihnen über Ihre Entscheidungen?

Es ist auch wichtig, von Zeit zu Zeit die Lebensbereiche einmal auszumisten und Ballast abzuwerfen. Trennen Sie sich von Dingen, die Sie nicht wirklich brauchen, und befreien Sie sich von energie- und zeitraubenden Einflüssen. Das wird neue Kraft freisetzen, die Ihnen die Verwirklichung der wirklich wichtigen Dinge ermöglicht. Finden Sie schrittweise heraus, was am besten zu Ihnen passt und mit Ihrem Leben vereinbar ist.

Praxis: Wo stehe ich jetzt?
Hin und wieder lohnt es sich, eine Bestandsaufnahme der aktuellen Lebenssituation vorzunehmen. Dazu gehört das Erkennen positiver und belastender Einflüsse im eigenen Leben. Nehmen Sie sich hierfür etwas Zeit und gehen Sie gedanklich die letzten Wochen und Monate durch. Schreiben Sie auf, was Ihnen zu den einzelnen Punkten einfällt:

In welchem Bereich Ihres Lebens gab es Umstände oder Ereignisse, die Sie belastet haben?

- **Lebensbereich Aufgabe:** Stress mit Kunden, Kollegen oder dem Chef? Schlechte Kommunikation? Zu viel zu tun? Konflikte? Mangelnde Anerkennung? Probleme im Projekt? Misserfolge? Erwartungen nicht erfüllt? Arbeitsplatz gefährdet oder verloren? Überforderung? Zu zeitintensiv?
- **Lebensbereich Beziehungen:** Schwierigkeiten bei der Erziehung der Kinder? Streitereien und Konflikte in der Familie? Betreuungsbedürftige Eltern oder Kinder? Finanzieller Druck? Sexuelle Probleme? Krankheiten? Trennung oder Verlust eines geliebten Menschen? Zu wenig gemeinsame Zeit? Belastende Ereignisse?
- **Lebensbereich Körper:** Gewichtsprobleme? Unzufrieden mit dem eigenen Körper? Krankheit oder Verletzung? Müdigkeit und Erschöpfung? Sucht oder Unmäßigkeit? Chronische Schmerzen? Schlechte Kondition? Hadern mit dem Altern?
- **Lebensbereich Ausgleich:** Zu wenig Zeit für Freunde und Hobbys? Entfremdung oder Verlust einer Freundschaft? Einsamkeit? Hobby unfreiwillig aufgegeben? Konflikte und Missverständnisse? Krankheit oder Verlust eines Freundes?
- **Lebensbereich Sinn:** Ängste und Lebensunsicherheit? Zweifeln am Sinn des Lebens? Keine Zeit zum Innehalten? Hadern mit Schicksalsschlägen? Verlust von Grundvertrauen? Innere Unruhe und Unzufriedenheit? Unausgeglichenheit und Freudlosigkeit? Glaubenskrise?

Und in welchem Bereich hatten Sie schöne, positive Erlebnisse?

- **Lebensbereich Aufgabe:** Neue Aufgaben? Berufliche Weiterentwicklung? Besseres Gehalt? Projekt erfolgreich abgeschlossen? Probleme gelöst? Gutes Feedback bekommen? Gute Zeit mit Kolleginnen und Kollegen?
- **Lebensbereich Beziehungen:** Schöne gemeinsame Erlebnisse? Verliebtsein, Zärtlichkeit? Urlaub oder Reise? Zeit für die Kinder? Spaß beim Feiern? Toller Sex? Neues Haustier?

- **Lebensbereich Körper:** Freude am Sport? Wieder gesund geworden? Ein gutes Körpergewicht erreicht? Bessere Ernährung? Mit dem Rauchen aufgehört? Entspannung genossen?
- **Lebensbereich Ausgleich:** Fußballturnier gewonnen? Gute Gespräche gehabt? Gemeinsam gefeiert? Neues Hobby entdeckt? Einer Freundin geholfen? Neue Bekanntschaften geschlossen?
- **Lebensbereich Sinn:** Zeit für Stille gehabt? Freude am Meditieren? Ein persönliches Hindernis überwunden? Erkenntnisse gewonnen? Mentale Kraft gespürt? Zusammenhänge verstanden? Spiritualität? Innere Erlebnisse?

Diese Form der Bestandsaufnahme können Sie von Zeit zu Zeit durchführen, um herauszufinden, wie es in Ihrem Leben gerade aussieht. Je nachdem, in welchem Lebensbereich positive oder belastende Faktoren auftauchen, ergeben sich daraus konkrete Aufgaben. Ziel ist es, nach Möglichkeit die belastenden Faktoren zu reduzieren und den positiven Einflüssen mehr Raum und Aufmerksamkeit zu geben, um so für möglichst viel gute Energie im eigenen Leben zu sorgen.

Praxis: Die Energiequellen pflegen

Täglich verbrauchen wir jede Menge Energie, nicht nur körperlich, sondern auch seelisch und geistig. Diese Energie muss irgendwo herkommen. Um genügend Energiereserven für die Anforderungen unseres Lebens zu haben, sollten wir wissen, wo unsere Energiequellen liegen.

Liebe, positive soziale Kontakte und Erlebnisse, Erfolg und Bestätigung, ein erfüllender Beruf, genügend Zeit mit sich selbst, gute Freunde, schöne Musik, Bewegung und Sport, Naturerlebnisse, gutes Essen und ausreichend Schlaf sind Energielieferanten. Konflikte, Ängste und Sorgen, Krankheit, Misserfolge und Überforderung, Isolation und Ablehnung dagegen rauben uns Energie.

Im Rahmen des ganzheitlichen Selbstmanagements achten wir auf eine gute Energiebalance. Diese können wir herstellen, indem wir uns die Energiequellen und Energieräuber in den einzelnen Lebensbereichen bewusst machen und dafür sorgen, möglichst viel positive Energie zu schaffen und uns gegen negative Energie besser abzugrenzen.

Schauen Sie sich einmal Ihre fünf Lebensbereiche an:

- Was sind Ihre Energiequellen?
- Wo gibt es Energieräuber?
- Fließt Energie zwischen den Lebensbereichen?
- Wie könnten Sie positive Energie in Ihr Leben bringen?

Kapitän des eigenen Lebens

> Feste Entschlossenheit und Klarheit im Inneren, sanfte Anpassung und Stärke im Äußeren; das ist der Weg, etwas zu erreichen.
> Asiatische Weisheit

Ein passendes Bild für gutes Selbstmanagement zeigt einen Kapitän. Im Unterschied zum blinden Passagier, der sich im Frachtraum versteckt und nicht weiß, wie lange die Fahrt noch dauert, welcher Kurs gerade gefahren wird und wann er das nächste Mal etwas zu essen bekommt, hat der Kapitän den Überblick. Er kennt nicht nur sein Schiff, die Ladung und seine Besatzung, sondern weiß auch, wie viel Diesel noch im Tank ist und wann er den Kurs ändern muss, um ein Unwetter zu umschiffen.

Kapitän des eigenen Lebens zu sein, bedeutet auch, in die Verantwortung zu gehen – für sich und andere. Der Benediktinerpater Anselm Grün [17] sagt dazu: „Die Verantwortung, die ich für andere übernehme, ist für mich keine Last, sondern sie hält mich lebendig. Ich nehme allerdings den anderen ihre Last nicht ab. Verantwortung heißt nicht, dass ich dafür zuständig bin, dass es dem andern gut geht. Dafür muss er selbst sorgen. Ich kann ihn nur begleiten und mit ihm nach einem Weg Ausschau halten, auf dem er weitergehen kann."

Der typische Platz für den Kapitän ist die Brücke, eine erhöhte Position, von der aus er alles gut sehen und steuern kann. Ein solcher Standpunkt kann auch hilfreich sein, um dem eigenen Leben Richtung zu geben und den Überblick zu behalten: „Wohin geht die Reise? Wofür bin ich verantwortlich? Was ist jetzt wichtig? Wie sieht es mit meinen Ressourcen aus?" Das Fünf-Säulen-Modell unterstützt uns bei dieser Aufgabe. Es erleichtert uns ähnlich wie ein Kompass die Navigation durch unser Leben.

Tatsächlich jedoch sind viele Menschen nicht mehr Kapitän des eigenen Lebens, sondern eher besagter blinder Passagier. Das Gefühl für richtig und falsch; die Fähigkeit, Herausforderungen anzunehmen und gezielt Entscheidungen zu treffen; zu wissen, was wichtig ist, und es zur gegebenen Zeit mit Überzeugung zu tun – all dies ist ihnen verloren gegangen. Vielleicht gelingt es noch im beruflichen Umfeld, aber spätestens in den eigenen vier Wänden gibt es Probleme.

Tief in seinem Inneren weiß aber jeder Mensch im Grunde, was er in seinem Leben braucht. Nur ist dies vielen nicht bewusst. Es ist daher wichtig, unsere inneren Werte wieder zu entdecken und darauf vertrauen zu können, dass wir ein sicheres Gespür dafür haben, was unserem Leben gut tut. Auch ist es hilfreich, ein Bewusstsein für die verschiedenen Lebensbereiche und ihren Einfluss aufeinander zu entwickeln.

Das Umsetzen von Lebenszielen und großen Aufgaben erfordert Kraft, Zeit und Geduld. Manchmal mehr, als wir aufbringen können. Damit uns auf der Strecke nicht die Luft ausgeht, ist es sehr wichtig, im Hier und Jetzt zu leben und zu lernen, Zufriedenheit und eine gewisse Erfüllung im Alltag zu finden. Dies kann eine unerschöpfliche Quelle von Kraft und Motivation werden.

Im Leben stehen banale Dinge und tiefgreifende existenzielle Ereignisse oft dicht nebeneinander. Obwohl für uns von solch unterschiedlicher Bedeutsamkeit, fordern sie gleichberechtigt ihre Aufmerksamkeit. Sie stehen dabei nicht immer in einem für uns erkennbaren sinnvollen Zusammenhang oder einer nachvollziehbaren Ordnung, und manchmal fällt es schwer, durch diesen „Alltagsdschungel" einen Pfad zu finden. Wenn wir lernen, dass Schönheit und Vollkommenheit auch im Alltäglichen existieren können, und wenn wir unsere Aufmerksamkeit schärfen für die kleinen Geschenke und Glücksmomente, die fast jeder Tag bereithält, schöpfen wir Kraft und Energie für die lange Strecke. Wer das nicht lernt, der wird immer nur auf Urlaub und bessere Zeiten warten.

Sie können sich selbst als Kapitän in Ihrem eigenen Leben verstehen oder sich wie ein vom Baum gefallenes Blatt absichtslos im Lebensfluss treiben lassen. Beide Konzepte haben etwas für sich. Wie wir unser Leben erleben, ist auch eine Frage der eigenen Lebensphilosophie. Sie müssen sich aber nicht strikt für eine bestimmte Lebensphilosophie entscheiden und können auch ganz bewusst von der Vielfältigkeit an Lebensanschauungen profitieren.

Praxis: Meine Lebensvision

Lenken Sie Ihre Gedanken einmal in die Zukunft: Welche Vision haben Sie für Ihr zukünftiges Leben? Wie soll Ihr Leben in seiner positivsten Form aussehen? Und wie sehen Sie sich selbst dabei als Ihr „bestes Ich"? Wie geht es Ihnen dann? Wie sieht Ihre Umgebung aus, Ihre Partnerschaft und Familie, Ihre Arbeit, Ihre Freunde? Was ist Ihnen sonst noch wichtig?

Setzen Sie sich dazu bequem hin und schließen Sie die Augen. Warten Sie ein paar Atemzüge, bis Sie ruhig und entspannt sind. Machen Sie sich dann in Gedanken ein möglichst lebendiges und konkretes Bild von Ihrer Vision.

Anschließend verweilen Sie noch ein wenig bei diesem Bild und versuchen, es zu verinnerlichen. Vielleicht fällt Ihnen ein Symbol (ein Gegenstand, ein Bild, ein Tier oder etwas anderes) ein, das Ihre Vision repräsentieren und Sie künftig daran erinnern kann?

Zum Schluss atmen Sie zweimal tief durch und öffnen die Augen. Schreiben Sie anschließend auf, wie Ihre positive Vision für Ihr künftiges Leben aussieht. Denken Sie dabei auch an das Symbol.

Praxis: Was kann ich beeinflussen?

Für ein gutes Selbstmanagement ist es wichtig zu verstehen, auf welche Dinge wir in unserem Leben Einfluss ausüben können und welche sich unserem Einfluss entziehen. Welche Faktoren für eine gute Lebensqualität können Sie selbst beeinflussen? Nehmen Sie sich dazu einmal die verschiedenen Lebensbereiche vor:

Lebensbereich	Einfluss möglich	Kein Einfluss möglich
Aufgabe		
Beziehungen		
Körper		
Ausgleich		
Sinn		

Die eigene Biografie verstehen

> Das volle Menschentum, zu dem wir heranreifen sollen, liegt wie ein Samenkorn in unserem Inneren. Wenn wir eine Eichel nehmen, dann enthält sie bereits alle Charakteristika des Eichbaumes. Sie entfaltet ihre Dynamik aber erst, wenn sie der Dunkelheit, Feuchtigkeit und Beschwernis des Bodens ausgesetzt wird. Dann arbeitet sie sich ans Licht.
> Willigis Jäger

Zu einem ganzheitlichen Selbstmanagement gehört ein Gespür für die eigene Biografie und die Besonderheiten, die sich aus der aktuellen Lebenssituation ergeben. Wer seinen Lebensgang besser versteht, gestaltet das Leben auch bewusster. Dadurch wird es leichter, Entscheidungen zu treffen und Herausforderungen zu begegnen. Wir gehen von vier wesentlichen Abschnitten aus, die unseren Lebenslauf strukturieren. Dabei ist es interessant, dass sich im Verlauf des Lebens nicht nur die Rahmenbedingungen in den einzelnen Lebensbereichen, sondern auch die Bedürfnisse verändern. Die wichtigsten Lebensphasen sind in Abb. 1 dargestellt.

Natürlich handelt es sich hier nur um ein grobes Schema und der Verlauf wird bei jedem Menschen individuell unterschiedlich sein, aber das Verständnis der Lebensphasen erleichtert es, die Veränderungen, die sich mit den Übergängen in eine neue Phase ereignen können, besser einzuordnen. Die Bewältigung und Integration dieser Veränderungen ist eine klassische Selbstmanagementaufgabe.

In jeder Phase unseres Lebens gibt es charakteristische Ereignisse und Anforderungen, die diese Zeit besonders machen. Das Leben verläuft jedoch nicht für alle gleich. Einige Menschen erleben möglicherweise schon als Kind Herausforderungen, denen sich andere erst später im Leben stellen müssen. Es hängt stark von der persönlichen Entwicklung, von biologischen Voraussetzungen, psychosozialen Bedingungen und vielen weiteren Faktoren ab, wann eine bestimmte Phase bei uns selbst beginnt und wie wir sie erleben. Im Selbstmanagement ist es wichtig, sich bewusst zu machen, in welcher Lebensphase man sich aktuell befindet und welche Bedeutung frühere und zukünftige Lebensabschnitte

L. Baus, *Selbstmanagement: Die Arbeit ist ein ewiger Fluss*,
DOI 10.1007/978-3-658-09593-2_5

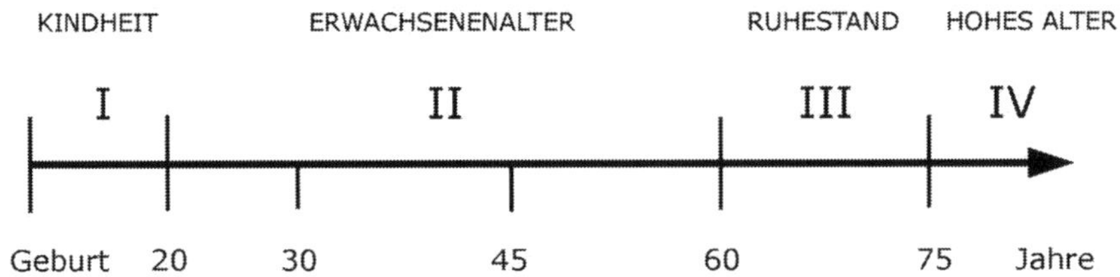

Abb. 1 Die vier Lebensphasen

haben. So können wir unser Leben ganzheitlich betrachten und bewusster Entscheidungen treffen oder Prioritäten setzen (Abb. 2).

Phase I – Kindheit und Jugend: Geburt bis ca. 20 Jahre

Diese Lebensphase schließt die Kindheit, das Heranwachsen und die Ausbildung mit ein. Prägend ist eine Abhängigkeit von Eltern, Erziehern und Lehrern sowie dem sozialen Umfeld. Ob wir Entscheidungen selbst treffen können und in der Lage sind, Grenzen zu erkunden, hängt davon ab, wie viel Bewegungsfreiheit uns gelassen wird. Wir passen uns an, um zu gefallen, oder wir passen uns bewusst nicht an, um eigene Wege zu probieren.

Die Verantwortung wird uns in Phase I zum großen Teil von anderen abgenommen, insbesondere den Eltern. Die Einflüsse und Erlebnisse dieser Jahre prägen unser Sozialverhalten entscheidend und haben einen großen Einfluss darauf, wie wir im späteren Leben mit anderen Menschen umgehen. Dies ist auch eine Zeit des Experimentierens und Erkundens. Das setzt Freiräume und angemessene Begleitung voraus. Ist beides gegeben, können wir unsere Fähigkeiten entwickeln und ausbauen.

Zentrale Fragen in dieser Lebensphase sind das Erstaunen über die Welt, die Lust zu entdecken, das Herausfinden der eigenen Fähigkeiten und das Kennenlernen von Grenzen. Wichtig ist, wer für einen da ist, was Spaß macht und wie wir unsere Interessen durchsetzen können. Wir müssen lernen, mit der Macht der Älteren umzugehen und suchen den eigenen Platz in der Welt. Es sind Jahre des Lernens, der Entwicklung und der Identitätssuche.

Phase II – Erwachsenenalter: ca. 20 bis 60 Jahre

Ca. 20 bis 30 Jahre – Ausbildung und Entwicklung

Die Möglichkeit, frei zu entscheiden, was wir tun, ohne mit zu viel Verantwortung belastet zu sein, beflügelt und verunsichert zugleich. Die abgeschlossene Ausbildung und der erste Job stärken das Selbstbewusstsein. Erstes eigenes Geld ermöglicht Unabhängigkeit, die wir auch bewusst genießen. Wir sind erlebnishungrig und wollen Spaß haben, haben womöglich Freude am Reisen und sind weltgewandt.

Unsere Umgebung wird durch Freunde und Partner bestimmt und das Lebensgefühl ist sehr auf den Moment bezogen. Uns beschäftigt in dieser Phase vor allem das Ausleben der eigenen Wünsche und Bedürfnisse, das Erleben von interessanten Ereignissen und

Abb. 2 Die eigene Biografie verstehen

Kontakt zu Gleichgesinnten. Geld ist zum Ausgeben da. Wir machen uns erste Gedanken darüber, was wir beruflich erreichen wollen.

Ca. 30 bis 45 Jahre – Die Leistungsphase

In der sogenannten „Leistungsphase" suchen wir beruflich und privat nach Stabilität, sind nutzenorientiert und wägen Investitionen eher rational ab. Mitte dreißig erfolgt bei einigen eine erste Zwischenbilanz des bisherigen Lebens. Gedanken an die Zeit des Alterns lassen uns auch Vorsorge treffen. Beziehungen werden vertieft und Freunde werden als Berater in Lebensfragen geschätzt. Die meiste Energie stecken wir in unsere berufliche Entwicklung. Wir genießen erste Erfolge.

Wir fragen uns in dieser Zeit öfter, was wir bisher erreicht haben, wie wir uns unseren weiteren Weg vorstellen, was wir aus unseren bisherigen Erfahrungen lernen können und wie wir am besten unser Leben gestalten. Dominierend sind Fragen der Familiengründung und beruflichen Weiterentwicklung und die damit verbundenen Herausforderungen. Wir müssen lernen, mit Komplexität umzugehen, und Prioritäten setzen. Auch überlegen wir, wie wir uns unser späteres Leben vorstellen und was wir dafür tun können.

Ca. 45 bis 60 Jahre – Zeit der Reife

Was dem einen Anlass zur Zufriedenheit und inneren Ruhe ist, bedeutet für den anderen vielleicht, einen Neuanfang zu wagen aus der Rückschau auf das bisherige Leben. Sein Leben endlich ändern oder das Bisherige festigen und vertiefen? Das persönliche Erleben tritt in dieser Phase wieder in den Vordergrund, allerdings nicht mehr so unruhig wie in den frühen Dreißigern. Zunehmend stellen sich Sinnfragen, und der Wunsch nach innerer Einkehr wächst. Körperlich müssen wir wieder mehr tun, um gesund zu bleiben. Viele erweitern ihr Aufgabenfeld um Engagement in Politik oder Gemeinwesen. Andere machen sich selbstständig oder nehmen eine neue berufliche Herausforderung an.

In dieser Phase droht die „Midlife-Crisis“: Sinnfragen können das bisherige Lebenskonzept aushebeln. Klare Wertvorstellungen und gute zwischenmenschliche Beziehungen sind wichtig, unter Umständen auch professionelle Hilfe zur Krisenbewältigung. Wir überlegen in dieser Zeit, welche neuen Chancen wir wahrnehmen können, was wir bisher geleistet haben, wie wir unsere Fähigkeiten besser einsetzen können. Wir setzen bewusster Prioritäten. Das kann auch die Trennung von alten Gewohnheiten und Werten oder das Auflösen von Beziehungen bedeuten.

Phase III – Ruhestand: ca. 60 bis 75 Jahre

Kurz vor der Rente beginnt wieder ein neuer Lebensabschnitt. Wir fragen uns, wie wir die nächsten zwanzig bis dreißig Jahre verbringen wollen. Diese Zeit ist angesichts der heutigen Lebenserwartung nicht gering bemessen und bedarf der Vorbereitung, oft schon Ende der Fünfziger. Da Phase III heute nicht selten eine Phase der Zufriedenheit und Aktivität ist – soweit die Gesundheit dies zulässt –, beginnt die Suche nach neuen Hobbys und Kontakten. Wir reisen wieder mehr, genießen das Leben und betrachten rückblickend manches gelassener. Das Bedürfnis, Freude und Angenehmes zu erleben, wird unter Umständen wieder stärker als die Vernunft (Abb. 3).

Wir fragen uns: Worauf können wir zurückblicken? Wie können wir noch möglichst lange selbstständig leben und welche Potenziale können wir dabei nutzen? Was möchten wir noch erleben? Wenn Kinder da sind, sind unsere Gedanken öfter bei ihnen und den Enkelkindern.

Phase IV – hohes Alter: über 75 Jahre

Während früher die wenigsten ein so hohes Alter erreichten, ist heute diese Phase der Hochaltrigkeit für viele Menschen Realität. Die Lebensqualität hängt nun in erster Linie von der körperlichen und mentalen Verfassung ab und die Abhängigkeiten nehmen in gleichem Maße zu wie die Einschränkungen. Allerdings kann diese Zeit auch erfüllend

Abb. 3 Phase III – Ruhestand

sein, wenn wir auf ein buntes und ausgefülltes Leben zurückblicken, mit dem wir unseren Frieden gemacht haben.

Wer in der Lage ist, weiterhin seine sozialen Beziehungen zu pflegen und sich an den Kleinigkeiten des Alltags zu freuen, wird diese Zeit glücklicher erleben als diejenigen, die verpassten Chancen und nicht gelebten Träumen nachtrauern. Diese letzte Lebensphase kann auch durch eine intensive Spiritualität bereichert sein.

Werte und Bedürfnisse erkennen

> Die Entwicklung von inneren Werten ist ähnlich wie körperliche Bewegung. Je mehr wir unsere Fähigkeiten trainieren, desto stärker werden wir. Der Unterschied ist, dass im Gegensatz zum Körper, es in der Entwicklung des Geistes kein Limit gibt, wie weit wir gehen können.
> Dalai Lama

Unser Denken und Handeln wird sehr durch unser Wertesystem bestimmt. Die persönlichen Wertvorstellungen haben einen starken Einfluss darauf, wie wir mit Aufgaben und Herausforderungen umgehen oder Entscheidungen treffen. Häufig geschieht dies unbewusst, manchmal aber auch ganz gezielt. Vielen Menschen sind ihre eigenen Wertvorstellungen nicht wirklich bewusst. Sie haben zwar ein Gespür dafür, was ihnen sympathisch ist und was nicht, können sich aber nicht erklären, warum dies so ist. Unser Wertesystem wird maßgeblich durch das soziale Umfeld während der ersten Lebensphase geprägt. Eltern, Freunde, Vorbilder, und später Partner, Bekannte und Kollegen haben Einfluss darauf, was uns richtig oder falsch, gut oder schlecht erscheint. Aus den vermittelten und wahrgenommenen Werten entstehen schließlich Glaubenssätze, die uns durch das Leben begleiten. Glaubenssätze sind konkrete Vorstellungen darüber, wie die Dinge (die Welt) zu sein haben. Schließlich geben wir unsere Wertvorstellungen wieder an unser Umfeld weiter, zum Beispiel unsere Kinder.

Im Verlauf unseres Lebens fällt uns jedoch unter Umständen auf, dass die im Kindheitsalter angenommenen Werte unseres sozialen Umfelds nicht zu unseren persönlichen Lebensbedingungen und -anforderungen passen. Möglicherweise schränken sie uns unnötig ein oder führen sogar zu schädlichem Verhalten. Aus Sicht des Selbstmanagements ist es daher sinnvoll, das eigene Wertesystem von Zeit zu Zeit einer kritischen Betrachtung zu unterziehen: „Was ist mir wichtig? Woran glaube ich? Was ist wahr? Was gibt mir Orientierung?" Diese Fragen sind nicht immer leicht zu beantworten, aber die Auseinandersetzung damit ist eine wichtige Basis für ein selbstbestimmtes Leben. Da wir mit

L. Baus, *Selbstmanagement: Die Arbeit ist ein ewiger Fluss,*
DOI 10.1007/978-3-658-09593-2_6

Abb. 1 Werte und Bedürfnisse erkennen

zunehmendem Alter die Entscheidungen und Prioritäten für unser Leben selbst definieren, brauchen wir Werte, an denen wir uns orientieren können. Sie sollten aber aus uns selbst und nicht von außen kommen (Abb. 1).

Einige Beispiele für Werte

- Liebe,
- Achtsamkeit,
- Ehrlichkeit,
- Toleranz,
- Zuverlässigkeit,
- Spaß,
- Professionalität,
- Freiheit,
- Respekt,
- Kreativität,
- Gemeinschaft oder
- Loyalität.

Neben den Wertvorstellungen ist es wichtig, auch die eigenen Bedürfnisse zu kennen. Denn ein gesundes berufliches und soziales Leben ist langfristig nur dann möglich, wenn es die inneren Bedürfnisse des Menschen berücksichtigt. Im Selbstmanagement unterscheiden wir zwischen Ansprüchen und Bedürfnissen. Während Ansprüche in der Regel leistungsbezogen und nicht selten von außen auf den Menschen gerichtet sind, entstammen Bedürfnisse in der Regel dem Inneren.

Neben den von Abraham Maslow definierten Grundbedürfnissen (Atmung, Wärme, Trinken, Essen, Schlaf, Unterkunft, Gesundheit, Schutz, Ordnung, soziale Beziehungen, Liebe, Sexualität, Kommunikation, Fürsorge) gibt es weitere Bedürfnisse eines Menschen, wie etwa Kulturbedürfnisse (beispielsweise Arbeit, Ästhetik, Kreativität, Natur, Spaß, Musik, Bildung, Reisen). Der Benediktinermönch und Zen-Meister Willigis Jäger [21] betont zudem die Bedeutung spiritueller Bedürfnisse: „Wenn physische Grundbedürfnisse nicht erfüllt werden, erkrankt der Mensch. Er wird genauso krank, wenn er seine spirituellen Grundbedürfnisse nicht erfüllt."

Darüber hinausgehend werden den Menschen in den modernen Industriegesellschaften auch Luxusbedürfnisse suggeriert (teurer Schmuck, exotische Urlaube, neue Autos, Mode, Einrichtung, Unterhaltungselektronik etc.), die eher den Charakter von Ansprüchen haben, da sie von außen kommen und einen gewissen sozialen, finanziellen oder anders gearteten Druck erzeugen.

Um den Druck im eigenen Leben zu reduzieren und eine bessere Lebensqualität zu schaffen, ist es nicht nur bedeutsam, die wirklichen eigenen Bedürfnisse zu erkennen und weitestgehend umzusetzen, sondern auch die eigenen oder fremden Ansprüche kritisch zu hinterfragen. Denn während realisierte Bedürfnisse die tatsächliche Lebensqualität verbessern, erhöhen Ansprüche häufig den Lebensdruck und erzeugen Stress. Glücklicher und gesünder leben bedeutet: Bedürfnisse leben – Ansprüche reduzieren.

Was noch Bedürfnis oder schon Anspruch ist, kann individuell herausgefunden werden. Ansprüche müssen auch grundsätzlich nichts Schlechtes sein. So kann man zum Beispiel den Anspruch haben, eine Aufgabe möglichst gut zu erfüllen. Letztlich geht es darum, durch einen bewussten Umgang mit Bedürfnissen und Ansprüchen eine Lebensgestaltung und -qualität zu entwickeln, mit der man glücklich ist und gesund bleibt.

Praxis: Meine persönlichen Werte

Welche Werte sind Ihnen wichtig? Reflektieren Sie diese Frage bezogen auf die einzelnen Lebensbereiche:

Lebensbereich	Welche Werte sind mir wichtig?	Welche Werte sind mir nicht wichtig?	Welche Werte lehne ich ab?
Aufgabe			
Beziehungen			
Körper			
Ausgleich			
Sinn			

Wenn Sie Ihre Wertvorstellungen geklärt haben, können Sie weitere Überlegungen anstellen: Welche Werte sind für Sie unverzichtbar? Bei welchen wären Sie bereit, Kompromisse einzugehen? Welche Lebensphilosophie würde sich daraus für Sie ergeben?

Schließlich sehen Sie sich Ihre Ergebnisse an und vergleichen Sie Ihre gegenwärtige Lebenssituation mit Ihren Wertvorstellungen. Wo gibt es Übereinstimmungen, wo sind Wertekonflikte erkennbar? Wie könnten Sie Ihre Wertvorstellungen noch besser umsetzen?

Ziele definieren

> Wenn wir irgendwo hin möchten, oder uns in irgendeine Richtung entwickeln möchten, können wir nur von dort aus starten, wo wir gerade stehen. Wenn wir nicht wirklich wissen, wo wir stehen, kann es sein, dass wir uns nur im Kreis bewegen.
> Jon Kabat-Zinn

Für ein gutes Selbstmanagement ist es hilfreich zu wissen, wie Sie sich Ihr Leben eigentlich vorstellen. Ein konkreter Schritt in diese Richtung ist das bewusste Formulieren von Zielen. Klare Ziele helfen uns dabei, unsere Energie auf die wichtigen Dinge zu konzentrieren und die Vision, die wir für unser Leben haben, Realität werden zu lassen. Ein Ziel ist vor allem dadurch gekennzeichnet, dass es möglichst realistisch und konkret formuliert ist. Eine Hilfe dafür kann das SMART-Modell liefern, wie es in Abb. 1 dargestellt wird.

Im Einzelnen bedeuten die fünf Elemente des SMART-Modells:

S: Spezifisch – so konkret wie möglich formuliert.
M: Messbar – überprüfbar, zum Beispiel Aufwand, Kosten, Umsetzung.
A: Ausführbar – realistisch, erreichbar.
R: Relevant – passt zu übergeordneten Zielen und Werten.
T: Terminiert – konkreter Zeitpunkt für die Umsetzung.

Sie tun gut daran, sich möglichst erreichbare Ziele zu setzen, um unnötigen Druck und Enttäuschungen zu vermeiden. Andererseits dürfen Ziele auch ehrgeizig formuliert werden, ihr Sinn liegt ja oftmals darin, weiterzukommen. Deswegen darf ein Ziel zwar fordernd sein, aber es soll nicht überfordern.

Es ist sinnvoll, sich persönliche Ziele konkret für die einzelnen Lebensbereiche zu setzen. Zu vage formulierte Ziele wie „Ich möchte meine Lebenssituation verbessern" oder „Ich möchte beruflich weiterkommen" sind allerdings weniger geeignet, um etwas zu erreichen. Was genau möchten Sie erreichen? In welchem Umfang? Ist es realistisch?

L. Baus, *Selbstmanagement: Die Arbeit ist ein ewiger Fluss,*
DOI 10.1007/978-3-658-09593-2_7

Abb. 1 Ziele definieren – SMART-Modell

Passt es zu Ihren Lebensbedingungen und Wertvorstellungen? Bis wann wollen Sie Ihr Ziel erreicht haben? Vielleicht möchten Sie aber in bestimmten Lebensbereichen bewusst darauf verzichten, sich Ziele zu setzen, das liegt ganz in Ihrer Hand.

Vormals gesetzte Ziele sollten hin und wieder einer kritischen Betrachtung unterzogen werden. Dies trifft insbesondere zu, wenn sie mittel- oder langfristig ausgerichtet sind. Dazu können Sie in Abständen einen unverstellten Blick auf sich selbst richten und Ihre Motive, Ihre Wertvorstellungen und Ihre Bedürfnisse überprüfen. Diese können sich im Lebenslauf verändern und es ist gut, wenn Sie den Wandel rechtzeitig mitbekommen. Hinterfragen Sie also Ihre Ziele von Zeit zu Zeit und prüfen Sie, ob hinter dem vordergründig formulierten Ziel etwa ein ganz anderes Bedürfnis liegt. Was wollen Sie wirklich erreichen? Ist das gesetzte Ziel geeignet, um Ihre Motive zu erfüllen (Abb. 2)?

Denken Sie bei Ihrer Zielsetzung auch daran, nichts zu überstürzen. Ziele wollen mit Bedacht gewählt werden. Es ist gut, sich zunächst einmal etwas Zeit zum Nachdenken zu nehmen. Überlegen Sie, was Sie wirklich erreichen wollen, bevor Sie zur Tat schreiten.

Ziele, die wir uns setzen, bleiben oft nicht ohne Auswirkungen auf andere Lebensbereiche. So kollidiert etwa der Wunsch, Karriere zu machen, möglicherweise mit dem Bedürfnis, viel Zeit für die Familie zu haben. Wir sprechen in diesem Zusammenhang von *Nebenwirkungen* von Zielen. Zu einer bewussten Lebensgestaltung gehört daher auch das Bewusstsein über den „Preis", den wir zahlen müssen, um ein Ziel zu erreichen. Fragen Sie sich: „Will ich diesen Preis zahlen? Was bedeutet das ganz konkret?" Hier handelt es sich um eine Abwägung: „Ist das, was ich (möglicherweise) bekomme, für mich mehr wert als das, was ich dafür aufgeben muss?" Die Antwort darauf können Sie nur selbst herausfinden.

Praxis: Ziele setzen

Welche interessanten Ziele können Sie für sich in den verschiedenen Lebensbereichen sehen? Formulieren Sie die Ziele möglichst konkret. Sie sollten realistisch sein und zu

Abb. 2 Ziele geben Orientierung

Ihren Bedürfnissen, Werten und Lebensvorstellungen passen. Geben Sie – soweit möglich – jedem Ziel einen konkreten Termin für die Umsetzung.

Lebensbereich	Ziel	Termin
Aufgabe		
Beziehungen		
Körper		
Ausgleich		
Sinn		

Praxis: Ziele visualisieren
Ein sehr nützliches Instrument für das erfolgreiche Umsetzen von Zielen ist die Visualisierung. Dies gilt insbesondere für persönliche Ziele. Mithilfe der Visualisierung stellen Sie sich ein Ziel so vor, als hätten Sie es bereits erreicht. Gehen Sie beispielsweise im Geiste durch Ihr Traumhaus oder stellen Sie sich Ihren Wunschberuf oder Ihre lang ersehnte Reise vor. Je intensiver die innere Vorstellung gerät, umso mehr entsteht eine Art „Film im Kopf", der Ihnen später bei der Umsetzung des Ziels eine wertvolle Unterstützung sein kann.
Um eine Visualisierung durchzuführen, ziehen Sie sich für einige Minuten an einen ruhigen Ort zurück, machen Sie es sich bequem und schließen die Augen. Dann konzentrieren Sie sich mit Ihrer gesamten Vorstellungskraft darauf, wie es sein wird, wenn Sie Ihr Ziel erreicht haben. Setzen Sie dabei alle Sinne ein:

- Wie wird es aussehen?
- Wie wird es sich anfühlen?
- Wie wird es sich anhören?
- Wie wird es riechen?
- Wie wird es schmecken?

Wenn Sie durch die Visualisierung zu einer konkreten und lebendigen Vorstellung von Ihrem Ziel gelangt sind, können Sie diese beenden und anschließend aufschreiben, welche Ideen sich daraus für die Realisierung ergeben haben.

Konkrete Handlungsoptionen entwickeln

Manche Ziele erscheinen unerreichbar und manche Aufgaben unlösbar, obwohl sie es gar nicht sind. Die Ursache dafür ist meistens, dass uns die genaue Vorstellung davon fehlt, wie ein Ziel oder eine Aufgabe konkret umgesetzt werden könnte. Je genauer wir ein Ziel oder eine Aufgabe in kleinere Teile gliedern, desto mehr verschwindet dieses Problem (Abb. 1).

Für das Umsetzen von Zielen ebenso wie für das Bewältigen größerer Aufgaben müssen wir uns zunächst verdeutlichen, welche Handlungsoptionen wir haben. Das können wir formlos tun, indem wir uns einfach hinsetzen und Gedanken darüber machen, welche Aufgaben zu einem bestimmten Ziel führen, und diese schriftlich festhalten (etwa in Form einer Liste). Manchmal haben wir ja bereits eine Idee für die Lösung, wenn wir ein Problem erst einmal erkannt und genau beschrieben haben. In anderen Fällen benötigen wir vielleicht einen umfassenderen Ansatz.

Der nächste praktische Schritt, nachdem Sie sich ein konkretes Ziel gesetzt haben, besteht folglich darin, sich die damit zusammenhängenden Aufgaben bewusst zu machen. Hierbei kann Ihnen die Mindmapping-Technik helfen, die nachfolgend beschrieben wird.

Aufgaben organisieren mit Mindmapping

Ziele lassen sich häufig besser umsetzen, wenn sie zunächst in Teilziele und kleinere Einheiten zerlegt werden, bis ganz konkrete Aufgaben erkennbar werden. Für das Erkennen und Organisieren der mit einem Ziel verbundenen Aufgaben können wir die von Tony Buzan [8] entwickelte *Mindmapping-Methode* einsetzen. Dabei wird das Ausgangsthema (das Ziel) gut lesbar auf ein großes Blatt Papier (zum Beispiel auf einem Flipchart) in die Mitte geschrieben und eingekreist. Es empfiehlt sich die Verwendung von prägnanten Stichwörtern. Um das Hauptthema herum gruppieren Sie nun weitere Begriffe (Teilziele bzw. Aspekte des Ziels). Von diesen Wörtern ziehen Sie Verbindungslinien zu dem Hauptthema und zu weiteren Begriffen, die sich ergeben. Jeder Begriff bekommt eine eigene

L. Baus, *Selbstmanagement: Die Arbeit ist ein ewiger Fluss*,
DOI 10.1007/978-3-658-09593-2_8

Abb. 1 Konkrete Handlungsoption entwickeln

Verbindungslinie zum übergeordneten Thema. Sie können die Begriffe direkt auf die Linie schreiben oder Sie kreisen sie ein und verbinden die Kreise miteinander.

Im Laufe der Zeit entsteht so ein komplexes Wurzelwerk von Themen, Unterthemen und Details, wie auch Abb. 2 verdeutlicht. Die Gliederung erfolgt bis zu dem Punkt, an dem ganz konkrete Aufgaben erkennbar werden, die sich umsetzen lassen.

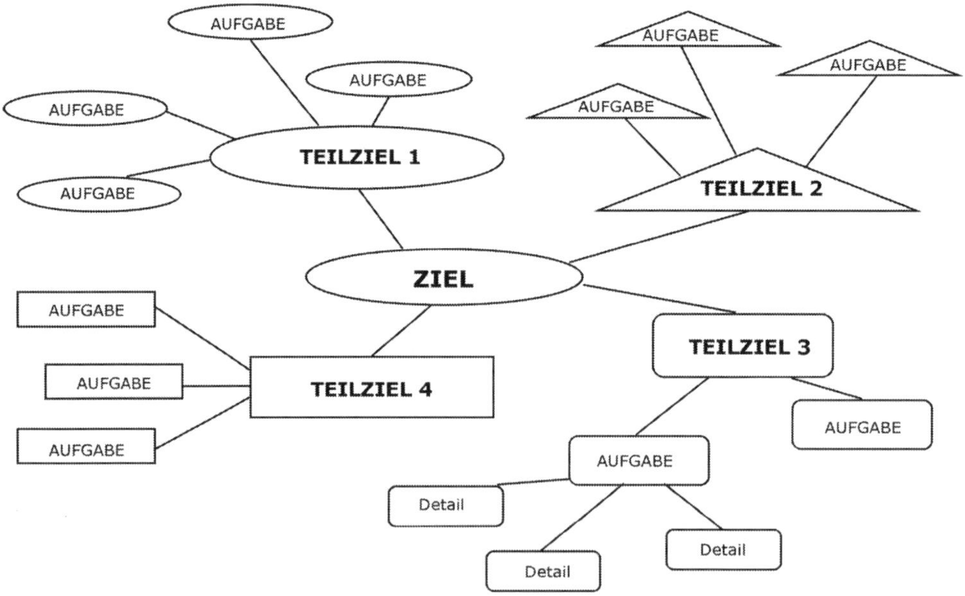

Abb. 2 Aufgaben organisieren mit Mindmapping

Sie können die einzelnen Wörter zu sinnvollen Themenkomplexen gruppieren und durch eine spezielle Form- oder Farbgebung von anderen Themenbereichen abgrenzen. Automatisch werden Sie die Wörter beim Aufschreiben ordnen, indem Sie ihnen eine bestimmte Position, Größe oder Farbgebung zuweisen. Durch die Verbindungslinien, die Sie ziehen, geben Sie dem Gefüge eine Struktur. Anfangs kann es Schwierigkeiten bereiten, Ihre Ideen zu ordnen. Deswegen sollten Sie sich Zeit lassen und in Ruhe überlegen, wohin ein neuer Begriff am besten passt.

Es gibt auch verschiedene Mindmapping-Programme für den Computer. Der Vorteil: Sie können Ihr Mindmap teilen, ausdrucken und flexibel weiterbearbeiten.

Praxis: To-do-Listen nutzen

To-do-Listen sind ein ganz klassisches Hilfsmittel im Selbstmanagement. Es gibt sie in unterschiedlichen Varianten. Mithilfe des Mindmaps haben Sie einen umfassenden Überblick über die Aufgaben bekommen, die sich aus Ihrem Ziel ergeben. Nun können Sie sich die einzelnen Aufgaben aus dem Mindmap heraussuchen und damit eine To-do-Liste für Ihr Ziel anfertigen. Eine einfache To-do-Liste sieht zum Beispiel so aus:

Ziel:				
Wer?	Was?	Priorität	Bis wann?	Erledigt

Prioritäten setzen und effektiver werden

> In einer Gesellschaft wie der unseren, die sich rapide verändert und eine Fülle von Möglichkeiten bietet, kommt es weniger denn je darauf an, hier und dort noch eine Zeitreserve frei zu schlagen. Viel entscheidender ist es, eine Auswahl zu treffen – zu wissen was man will und danach zu handeln.
> Stefan Klein

Einer der wichtigsten Stellhebel im Selbstmanagement ist das Setzen von Prioritäten. Es ist das wirksamste Mittel, um einerseits die Lebens- und Arbeitsqualität zu verbessern und andererseits den Druck zu reduzieren. In der Regel ist nicht genügend Zeit für all die Dinge, die wir gern tun würden oder müssen. Deswegen ist es wichtig, dass wir bewusst eine sinnvolle Auswahl treffen und Prioritäten setzen. Durch die Einteilung nach Wichtigkeit wird es uns möglich, unsere Kraft auf die wesentlichen Aufgaben zu konzentrieren. Dabei kommt es vor allem auf die bewusste Auswahl an (Abb. 1). Wenn Sie sich um die wichtigen Dinge rechtzeitig kümmern, werden Sie weniger Probleme mit der Dringlichkeit bekommen. In der Regel unterscheiden wir drei Prioritätsgrade:

- A – hohe Priorität.
- B – mittlere Priorität.
- C – niedrige Priorität.

Haben wir die Prioritäten erst einmal erkannt, wirkt sich das direkt auf unsere Arbeitsweise aus. Aufgaben mit hoher Priorität widmen wir uns zuerst und mit mehr Aufmerksamkeit. Eine bessere Arbeitsqualität erreichen wir, wenn wir uns dabei in erster Linie an den gesetzten Zielen und Vorgaben orientieren und nicht zu sehr an der Dringlichkeit des Tagesgeschäfts.

Jeder Mensch betrachtet die Dinge anders, daher ist das Priorisieren häufig eine subjektive Sache. Im Unternehmen kann es aber auch vorkommen, dass eine Gruppe von Mit-

L. Baus, *Selbstmanagement: Die Arbeit ist ein ewiger Fluss*,
DOI 10.1007/978-3-658-09593-2_9

Abb. 1 Prioritäten setzen und effektiver werden

arbeitern gemeinsam Prioritäten entwickelt, etwa bei Team-, Projekt-, oder Gruppenarbeit. In anderen Fällen werden Prioritäten eventuell durch Vorgesetzte oder Kunden definiert. Auch in der Familie können Prioritäten gemeinschaftlich bestimmt werden.

Priorisieren nach Vitalfunktionen

In Situationen mit sehr hohem Arbeitsaufkommen ist es sinnvoll, sich bewusst zu machen, dass ohnehin nicht alle Aufgaben erledigt werden können. Die besondere Herausforderung liegt dann darin, jene zentralen Aufgaben zu finden, deren Bearbeitung in der gegebenen Situation absolut unerlässlich ist. Dabei hilft es, zunächst nach den absoluten Topprioritäten zu suchen. Das sind in der Regel die Dinge, die für das Unternehmen lebenswichtig sind, die sogenannten *Vitalfunktionen*. Denn erst wenn das Unternehmen in seiner Existenz gesichert ist, macht es Sinn, sich um andere Aufgaben zu kümmern.

Zu den Vitalfunktionen zählen in erster Linie die Zahlungsströme und ihre auslösenden Faktoren, also Angebote und Aufträge, Verträge, Rechnungen und das Forderungsmanagement. Je nach Branche und Unternehmensbereich kann es weitere Topprioritäten geben, zum Beispiel Auslieferung, Produktion oder Service. Zu den persönlichen Vitalfunktionen zählen natürlich die Gesundheit und Sicherheit, auch die der Familie.

Sind die Vitalfunktionen gesichert, können andere Aufgabenbereiche bearbeitet werden, etwa Einkauf, Materialwirtschaft, Personal, Management, Controlling und Berichtswesen.

Das Pareto-Prinzip

Das *Pareto-Prinzip* wurde von dem italienischen Volkswirtschaftler Vilfredo Pareto entwickelt. Danach sind nur wenige der Dinge, die uns beschäftigen, wirklich wichtig: Nur etwa 20 % der Dinge machen den größten Wert des Gesamten aus, also etwa 80 %. Da-

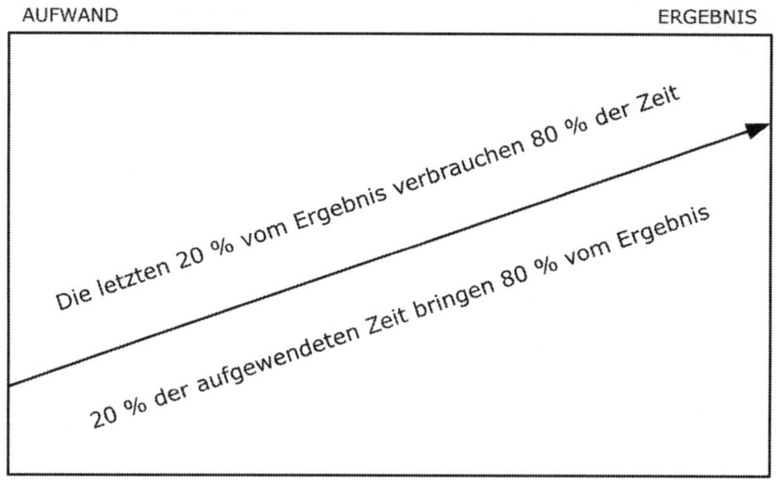

Abb. 2 Das Pareto-Prinzip

her wird dieses Prinzip auch *80/20-Regel* genannt, wie in Abb. 2 veranschaulicht wird. Übertragen auf die Situation am Arbeitsplatz würde das zum Beispiel bedeuten, dass wir in 20 % unserer Zeit bereits 80 % vom Ergebnis erreichen können, wenn wir in der Lage sind, die wichtigsten Aufgaben zuerst zu bearbeiten. Dies sind vor allem jene, die einen hohen Beitrag zum Ergebnis leisten. Die restlichen 80 % unserer Zeit werden nach dem Pareto-Prinzip dafür benötigt, die letzten 20 % des gewünschten Ergebnisses zu erreichen. Das ist sehr ineffektiv – viel Arbeit und wenig spürbarer Erfolg.

In diesem Prinzip liegt ein interessanter Hinweis für Perfektionisten: Lohnt es sich, alles immer bis zum letzten Punkt zu bearbeiten? Oder reichen achtzigprozentige Lösungen häufig auch aus? In der Konsequenz bedeutet das Pareto-Prinzip vor allem, dass es sinnvoll ist, sich in der täglichen Arbeit zuerst den wichtigen Aufgaben zuzuwenden, um so möglichst effektiv zu bleiben. Das geht allerdings nur, wenn wir unsere Aufmerksamkeit gut steuern und uns nicht von weniger wichtigen Dingen ablenken lassen.

Die ABC-Analyse

Eine klassische Methode zur Priorisierung ist die ABC-Analyse. Sie war ursprünglich ein betriebswirtschaftliches Analyseverfahren und wurde erstmals von H. Ford Dickie zu Beginn der fünfziger Jahre beschrieben, um herauszufinden, welche Kunden den stärksten Umsatz bringen. Im Rahmen des Selbstmanagements können wir die ABC-Analyse nutzen, um unsere Aufgaben zu priorisieren und unsere Ressourcen (insbesondere die Zeit) entsprechend zu planen. Die Grundannahme bei der ABC-Analyse besteht darin, dass die Anteile der wichtigen und weniger wichtigen Aufgaben prozentual gesehen immer relativ konstant sind. Sinn dieser Methode ist es, die für das Erreichen der beruflichen und privaten Ziele wichtigsten A-Aufgaben zuerst zu bearbeiten, dann die durchschnittlich wichtigen B-Aufgaben, schließlich – wenn noch Zeit ist – die am wenigsten wichtigen C-Aufgaben. Diese Aufgaben können ggf. auch delegiert oder im Zweifel sogar ignoriert werden.

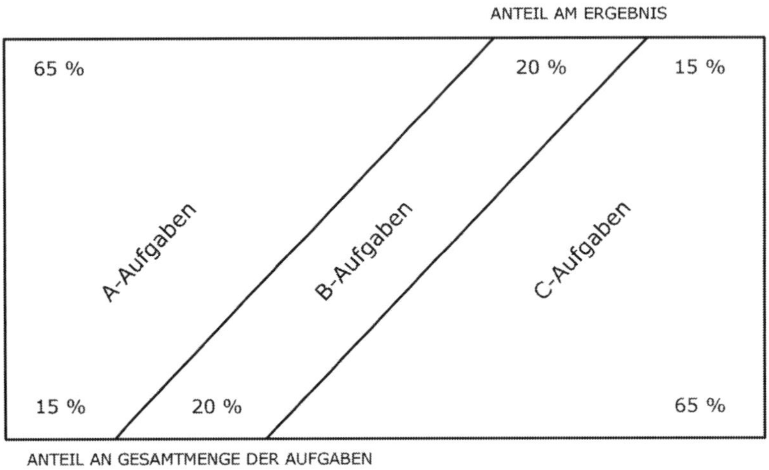

Abb. 3 Die ABC-Analyse

Ähnlich wie bei dem Pareto-Prinzip finden wir bei der ABC-Analyse, die in Abb. 3 konkretisiert wird, die Erkenntnis, dass die wichtigsten Aufgaben (Kategorie A) zwar nur einen geringen Teil (ca. 15 %) der Gesamtmenge ausmachen, aber am meisten (ca. 65 %) zur Zielerreichung beitragen. Durchschnittlich wichtige Aufgaben (Kategorie B) machen etwa 20 % der Gesamtmenge aus und tragen ca. 20 % an Wertigkeit bei. Unglücklicherweise aber tragen die ganzen restlichen Aufgaben (rund 65 %) nur noch ca. 15 % zum Erfolg bei.

Wenn Sie also die wichtigsten Aufgaben eines größeren Pakets zuerst erledigen möchten, empfiehlt sich zu Arbeitsbeginn die Durchführung einer ABC-Analyse. Listen Sie dazu alle anstehenden Aufgaben auf und teilen Sie diese jeweils in eine der drei Kategorien ein.

Dann planen Sie Ihr Zeitbudget. Dies muss nicht unbedingt aufwändig errechnet, sondern kann aus der Erfahrung heraus eingeschätzt werden. Stellen Sie für A-Aufgaben etwa 65 %, für B-Aufgaben ca. 20 % und für C-Aufgaben ungefähr 15 % Ihrer Zeit zur Verfügung. Prüfen Sie, welche B- und C-Aufgaben delegierbar sind. Denken Sie auch darüber nach, welche C-Aufgaben Sie vielleicht „entsorgen" können – dies ist eine Kunst! Mit der ABC-Analyse können Sie dafür sorgen, dass Sie trotz Zeitmangels die wichtigsten Aufgaben im Griff haben. Beginnen Sie Ihre Arbeit mit der wichtigsten Aufgabe zuerst und überprüfen Sie zwischendurch immer wieder Ihre Prioritätensetzung und Ihre Zeitkontingente.

Praxis: Prioritäten setzen mit der ABC-Analyse

Sie können die ABC-Analyse nutzen, um Ihre To-do-Liste zu priorisieren, oder aber auch für ein konkretes Ziel oder Projekt, wenn es darum geht, die sich daraus ergebenden Aufgaben zu strukturieren. Sortieren Sie dazu die Aufgaben nach ihrer Wichtigkeit. Unterscheiden Sie dabei entsprechend der *ABC-Analyse* nach drei Kategorien:

A – sehr wichtige Aufgaben (ca. 65 % Anteil am Ergebnis): hohe Priorität.
B – normal wichtige Aufgaben (ca. 20 % Anteil am Ergebnis): mittlere Priorität.
C – weniger wichtige Aufgaben (ca. 15 % Anteil am Ergebnis): niedrige Priorität.

Ziel:	**Priorität**		
Aufgaben/To-do's	**A**	**B**	**C**

Das Eisenhower-Prinzip

Für viele Menschen ist das tatsächliche Arbeitsaufkommen im Vorfeld immer schwerer einzuschätzen. Zum einen stehen bei Arbeitsbeginn noch nicht alle an dem Tag anfallenden Aufgaben fest. Hinzu kommt, dass der Workload einer nicht unerheblichen Dynamik unterliegt. Die Prioritäten können sich im Verlauf der Ereignisse ändern oder es tauchen spontan neue Aufgaben auf, die bearbeitet werden müssen. Dadurch wird zum Beispiel der Einsatz einer ABC-Analyse zur Priorisierung erschwert.

Dies ist sogar typisch für Arbeitsabläufe in der heutigen Zeit. Es kommt nicht selten vor, dass eine morgens aufgestellte Tagesplanung schon nach kurzer Zeit Makulatur ist, weil sich die Sachlage geändert hat. Dabei kann es leicht passieren, dass wir uns von der *Dringlichkeit* einiger Aufgaben täuschen lassen, ohne zu prüfen, ob sie zugleich auch *wichtig* sind. In solchen Situationen benötigen wir eine Methode, die uns dabei hilft, flexibel auf akut entstehende Aufgaben zu reagieren und zwischen Wichtigkeit und Dringlichkeit zu unterscheiden. Dies können wir mithilfe des Eisenhower-Prinzips bewerkstelligen. Nicht alles, was dringend wirkt, ist nämlich zugleich auch wichtig. Und manche wichtigen Sachen müssen wir im Auge behalten, aber nicht gleich erledigen, weil sie noch nicht dringend sind. Das Eisenhower-Prinzip macht es möglich, zwischen wichtigen und dringenden Aufgaben zu unterscheiden und auf dieser Grundlage sinnvolle Prioritäten zu vergeben. Nach dem Eisenhower-Prinzip gibt es vier Prioritäten, die in Abb. 4 gezeigt werden.

Dass wir uns bei unserer Arbeit oft nicht an der Wichtigkeit einer anstehenden Aufgabe, sondern an ihrer Dringlichkeit orientieren, führt dazu, dass wir permanent mit dringenden Sachen beschäftigt sind und dabei allzu leicht Wichtiges aus dem Auge verlieren. Das

Abb. 4 Das Eisenhower-Prinzip

Eisenhower-Prinzip kann uns helfen, uns auf die wesentlichen Dinge zu konzentrieren und überflüssigen Ballast loszuwerden, entweder durch Delegieren, Ignorieren oder Entsorgen.

Höchste Priorität (wichtig und dringend) haben nach dem Eisenhower-Prinzip meistens Krisenereignisse. Solche Aufgaben im ersten Quadranten sind oft mit Stress verbunden, der durch die Kombination von hohen inhaltlichen Anforderungen und Zeitdruck entsteht, zum Beispiel:

- Krisen,
- drängende Probleme,
- zeitkritische Vitalfunktionen oder
- Deadlines und Meilensteine.

Die beste Arbeitsqualität erleben wir im zweiten Quadranten (wichtig, aber nicht dringend). Dort können wir uns mit wichtigen Aufgaben beschäftigen, für deren professionelle Bearbeitung auch genügend Zeit vorhanden ist. Ziele und Projekte etwa werden am besten in diesem Bereich umgesetzt. Beispiele für diese mittlere Priorität sind:

- Vorbereitung und Planung,
- Inhalte und fachliche Arbeiten,
- Kommunikation und Beziehungsarbeit,
- Zielverfolgung,
- Projektarbeit oder
- Ausgleich, Erholung und Entspannung.

Im dritten Quadranten finden sich die zwar dringenden, aber im Grunde unwichtigen Dinge. Sich damit zu beschäftigen ist in gewisser Hinsicht ineffektiv und unbefriedigend. Durch den Zeitdruck entsteht Stress, aber es geht um nichts Wichtiges. Hier lohnt es sich, zu überlegen, welche Aufgaben dieser Priorität wir überhaupt selbst bearbeiten müssen und welche wir delegieren oder sogar ignorieren können:

- Unterbrechungen, Störungen und Ablenkungen,
- unpassende Anrufe, Nachrichten, Informationen oder
- viele Besprechungen.

Der vierte Quadrant repräsentiert den Papierkorb. Was weder wichtig noch dringend ist, gehört entsorgt. Das sind zum Beispiel folgende Dinge:

- Werbung und Umfragen,
- Konsum,
- Gerüchte,
- triviale Aktivitäten oder
- Aktionismus und Ersatzbeschäftigungen.

Praxis: Orientierung nach Wichtigkeit
Um die eigene Arbeitsqualität zu verbessern und weniger Stress zu erleben, kann es hilfreich sein zu prüfen, ob man sich eher an der Wichtigkeit oder mehr an der Dringlichkeit von Aufgaben orientiert. Vergegenwärtigen Sie sich dazu das Eisenhower-Prinzip: Mit welchen Prioritäten haben Sie sich im Job während der vergangenen Woche am meisten beschäftigt? Tragen Sie dafür zunächst Ihre beruflichen Aktivitäten (E-Mails lesen, Angebot schreiben, Meeting moderieren etc.) in der linken Spalte ein und ordnen Sie diesen hinterher einen Quadranten zu. Denken Sie anschließend darüber nach, wie Sie Ihre Arbeitsweise optimieren können, um mehr Aktivitäten im Quadranten 2 (wichtig, aber nicht dringend) zu realisieren.

Tätigkeit	**Priorität**			
	1	2	3	X

Persönliche Wege zum Priorisieren

Um herauszufinden, was für Sie persönlich wesentlich ist, können Sie auch andere Wege gehen. Eine interessante und ungewöhnliche Methode ist es, probehalber seinen eigenen Nachruf zu schreiben: Was soll über Sie gesagt werden? Wer soll es sagen? Wie möchten Sie in Erinnerung bleiben? Wenn Sie über diese Fragen nachdenken, bekommen Sie ein gutes Gefühl für die Dinge und Menschen, die in Ihrem Leben von Bedeutung sind.

Es gibt auch noch andere Möglichkeiten, mehr über die persönlich wichtigen Dinge herauszufinden. Denken Sie zum Beispiel über Ihre Träume nach und schreiben Sie sich auf, was Ihnen dazu einfällt. Oder lesen Sie alte Tagebücher. Überlegen Sie, was Sie vor fünf, zehn oder zwanzig Jahren mit Ihrem Leben vorhatten. Was ist daraus geworden? Welche Hinweise können Sie dem entnehmen, um heute darüber zu entscheiden, was Ihnen wichtig ist?

Teil III
Wie kann ich mich gut konzentrieren und fokussieren?

Die eigene Aufmerksamkeit besser steuern

> Die beste Möglichkeit Momente einzufangen, ist aufmerksam zu bleiben. So kultivieren wir unsere Achtsamkeit. Achtsamkeit bedeutet wach zu bleiben. Es bedeutet zu wissen, was du gerade machst.
> Jon Kabat-Zinn

Wer weniger Stress und eine bessere Lebens- und Arbeitsqualität erleben möchte, kann lernen, die eigene Aufmerksamkeit bewusster zu steuern. Gemeint ist die Fähigkeit, sich zu konzentrieren und Informationen, Vorgänge und Eindrücke zu erfassen und zu verarbeiten. Diesem Thema widmet sich das *Aufmerksamkeitsmanagement*. Gegenstand dieser Disziplin ist ein selbstgesteuertes Verhalten, das gezieltes Fokussieren auf das Wesentliche und einen bewussten Umgang mit Ablenkungsreizen ermöglicht.

Aufmerksamkeit können wir verstehen als eine bewusste Ausrichtung unserer Wahrnehmung auf bestimmte Ereignisse, Vorgänge, Sinneseindrücke, Gefühle, Gedanken, Verhaltens- oder Handlungsweisen (Abb. 1). Sie kann sich sowohl auf innere als auch auf äußere Vorgänge und Ereignisse beziehen und ist eng gekoppelt an das Bewusstsein. Als Maß für die Intensität und Dauer der Aufmerksamkeit gilt nach dem Schweizer Psychiater Paul Eugen Bleuler [5] die Konzentration. Wer sich also gut konzentrieren kann, ist in der Lage, seine Aufmerksamkeit intensiv und dauerhaft auf eine bestimmte Sache zu richten. Das Gegenteil von Aufmerksamkeit ist Zerstreutheit. Es gibt zwei Arten von Aufmerksamkeit:

- Die *fixierende Aufmerksamkeit* bezieht sich auf ein konkretes Detail, hat einen engen Umfang.
- Die *fluktuierende Aufmerksamkeit* hat einen weiten Umfang, ist vielseitig, gleitend, ganzheitlich.

Bei der fluktuierenden Aufmerksamkeit werden viele verschiedene Objekte und Reize wahrgenommen. Sie dient in der Regel dazu, sich einen Überblick zu verschaffen, bei-

L. Baus, *Selbstmanagement: Die Arbeit ist ein ewiger Fluss*,
DOI 10.1007/978-3-658-09593-2_10

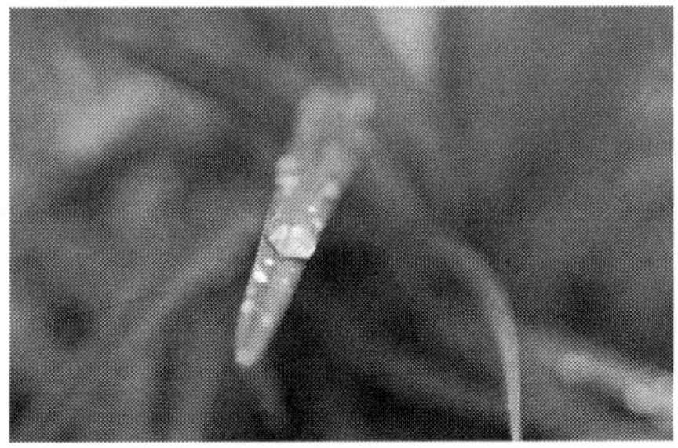

Abb. 1 Die eigene Aufmerksamkeit besser steuern

spielsweise im Straßenverkehr, bei der Orientierung im Gelände, beim Aufräumen oder der Interaktion mit größeren Gruppen. Dabei gleitet (fluktuiert) die Aufmerksamkeit schnell von einem Reiz zum nächsten, um schließlich aus den gesammelten Eindrücken ein Gesamtbild entstehen zu lassen. Die fixierende Aufmerksamkeit hingegen setzt sich analytisch mit der Wahrnehmung einzelner Objekte oder Details auseinander.

Der Sinn einer bewussten Aufmerksamkeitssteuerung liegt darin, sich besser und dauerhafter auf die wirklich wichtigen und relevanten Aufgaben konzentrieren und sich zugleich effektiver gegen Ablenkungen und Störungen abgrenzen zu können. Dies erhöht nicht nur die Produktivität, sondern reduziert auch den Stress. Und noch ein positiver Effekt stellt sich dadurch ein: Wir erleben den Augenblick intensiver und unser Zeitgefühl verändert sich. „Bewusste Wahrnehmung verlängert die Zeit", sagt der Biophysiker und Autor Stefan Klein [28]. Da im Gehirn die Systeme für die Lenkung der Aufmerksamkeit und für Gefühle wie Lust oder Neugier zusammenhingen, verbessere sich dadurch auch die Stimmung.

Wie funktioniert Aufmerksamkeitsmanagement? Im Wesentlichen geht es darum, die Konzentration zu fördern und die Aufmerksamkeit durch Bewusstmachen, regelmäßige Übung und Alltagsdisziplin zu schulen. Einerseits müssen dafür bestimmte Reiz-Reaktionsmuster durchbrochen werden und andererseits gilt es, sich besser gegen Ablenkungen und Unterbrechungen abzugrenzen. Auch der bewusstere Umgang mit inneren Ablenkungen gehört dazu. Als Schlüsselkompetenz für ein gutes Aufmerksamkeitsmanagement schließlich gilt Achtsamkeit. Diese einzelnen Punkte werden nachfolgend ausführlicher beschrieben.

Das Reiz-Reaktionsmuster durchbrechen

Ein wichtiger Schritt zu einer effektiven Aufmerksamkeitssteuerung ist das Durchbrechen der eingeschliffenen Reiz-Reaktionsmuster. In vielen Situationen des Alltags reagieren wir automatisch und reflexhaft auf Reize, Störungen oder Ablenkungen. Ein paar Beispiele dazu: Das Telefon klingelt und wir greifen automatisch zum Hörer und nehmen das Gespräch an. Eine E-Mail kommt rein und wir sehen sofort nach, worum es geht. Oder ein Kollege steckt den Kopf zur Tür herein und wir schauen sogleich von unserer Tätigkeit auf. Diese Situationen laufen in der Regel nach folgendem Muster ab:

Reiz (Telefon, E-Mail, Kollege) → *unbewusste* Reaktion (Anruf annehmen, E-Mail lesen, Tätigkeit unterbrechen)

Sinnvoller ist es, zwischen Reiz und Reaktion eine bewusste Entscheidung zu stellen und so das automatische Verhaltensmuster zu durchbrechen: „*Will* ich jetzt telefonieren, eine E-Mail lesen oder ein Gespräch mit dem Kollegen führen? Oder bin ich eigentlich in einer ganz anderen Situation und es passt gerade überhaupt nicht? Kann ich dem Gespräch bzw. der E-Mail oder dem Kollegen jetzt überhaupt gerecht werden? Ist das, was ich gerade tue, nicht auch wichtig? Verdient es nicht meine volle Aufmerksamkeit?"

Wenn wir lernen, auf Reize von außen – seien es Informationen, Geräusche oder Personen – nicht gleich reflexhaft zu reagieren, sondern bewusster damit umgehen, können wir das automatische Reiz-Reaktionsmuster durchbrechen und gelangen vom fremdbestimmten *Reagieren* zum selbstbestimmten *Agieren*. Das ist nicht nur effektiver und produktiver, sondern auch viel befriedigender, denn es ermöglicht uns, unsere Aufmerksamkeit bewusst auf die Dinge zu lenken, die gerade wichtig sind, und diese auch in der angemessenen Form zu behandeln. Wenn wir uns so verhalten, verändert sich das Reiz-Reaktionsmuster. Aus einer unbewussten, automatischen Reaktion wird eine bewusste Handlung:

Reiz (Telefon, E-Mail, Kollege) → Entscheidung (Ja/Nein) → *bewusste* Reaktion (bisherige Tätigkeit fortsetzen oder auf Reiz reagieren)

Dieses bewusste Handeln kann natürlich auch bedeuten, sich dafür zu entscheiden, die aktuelle Tätigkeit aufzugeben und seine volle Aufmerksamkeit dem Kollegen zu widmen, weil er Hilfe benötigt, oder sich auf ein Gespräch oder einen Inhalt einzulassen, der wichtiger und zugleich dringender als die aktuelle Beschäftigung ist. Aber dann handelt es sich um eine bewusste Entscheidung und ein selbstbestimmtes Agieren, nicht um eine fremdbestimmte Reaktion.

Äußere Ablenkungen reduzieren

Ein weiterer Aspekt des Aufmerksamkeitsmanagements ist der richtige Umgang mit Störungen, Unterbrechungen und Ablenkungen. Wenn wir mit etwas beschäftigt sind, dann wird es immer auch Dinge geben, die uns davon ablenken. Wie wir in dem vorangegangenen Abschnitt erfahren haben, ist es wichtig, auf solche Reize von außen nicht reflexhaft zu reagieren, sondern sich bewusst zu überlegen, wie wir damit umgehen möchten. Das ist deshalb sinnvoll, weil Störungen, sobald sie erkannt werden, oft schon an Bedeutung und Einfluss verlieren. Hat man die Störungen erst einmal identifiziert, ist es zudem viel leichter, sie zu eliminieren oder einen angemessenen Umgang damit zu finden.

Um sich von Störungen und Ablenkungen frei zu machen, braucht es Disziplin (es ist immer wieder nötig, sich zu fokussieren und Störungen auszublenden), aber auch eine gute Kommunikation (wenn es darum geht, sich abzugrenzen oder Beeinträchtigungen zu beseitigen) und die richtige Einstellung (beispielsweise das Annehmen von Dingen, die man nicht ändern kann). Äußere Ablenkungen können durch Informationen, Kommunikationsprozesse, Ereignisse, Sinneseindrücke oder andere Personen ausgelöst werden. Wir unterscheiden vor allem zwischen Ablenkungen durch Personen und Störungen durch andere Reize. Nicht alle als solche empfundenen Ablenkungen stellen tatsächlich eine Störung dar.

Echte Störungen geschehen

- zum falschen Zeitpunkt,
- inhaltlich unpassend und/oder
- nicht situationsgerecht.

Ein Anruf von einem Freund oder Kunden mit einem klaren und nachvollziehbaren Bedürfnis ist im Grunde ebenso wenig eine Störung wie die Bitte eines Kollegen um Hilfe oder eine inhaltliche Anfrage, auch wenn diese Vorgänge uns von unserer aktuellen Tätigkeit ablenken. Es kommt daher auch darauf an, in welcher Form und in welchem Zusammenhang diese Ereignisse auftreten und wie wir damit umgehen.

Ablenkungen durch äußere Reize werden durch unsere Sinne registriert. Sie können in verschiedenster Form auftreten:

- *akustisch*, zum Beispiel Verkehrslärm, laute Maschinen, Signaltöne von Telefon, Computer oder anderen Geräten;
- *visuell*, zum Beispiel Lichtreflexe, Blinken oder Flimmern von Bildschirmen und Anzeigetafeln;
- *olfaktorisch*, zum Beispiel schlechte Luft, ausdünstende Werkstoffe oder intensives Parfum;
- *taktil*, zum Beispiel zu hohe oder niedrige Temperatur, Zugluft und Feuchtigkeit, Vibrationsalarm;
- *gustatorisch* bei Geschmacksstörungen.

Interessanterweise reagieren einige Menschen stärker auf akustische, andere auf visuelle Reize, wiederum andere mehr auf Geruchs- oder Empfindungsreize.

Es gibt verschiedene Möglichkeiten, auf äußere Ablenkungen zu reagieren. Dabei spielt auch die innere Einstellung eine wichtige Rolle. So können wir uns beim Umgang mit solchen Ablenkungen und Störungen fragen: Ändern, Annehmen oder Abschaffen?

Wie funktioniert dieses Prinzip? Wir können uns die Ablenkungen und Störungen in unserem Umfeld bewusst machen und zunächst einmal prüfen, welche negativen Faktoren wir *ändern* oder beeinflussen können und auch wie sich das am besten bewerkstelligen lässt. Dann können wir lernen, die Dinge, die sich nicht ändern lassen, zu akzeptieren und *anzunehmen*. Vor allem jedoch, uns nicht ständig davon ablenken zu lassen. Vielleicht entdecken wir ja am Ende sogar Positives darin und sind dankbar dafür. Schließlich können wir das, was wir weder ändern können noch akzeptieren wollen, nach Möglichkeit *abschaffen* oder uns aus dem Wirkungsbereich dieser Sache oder Person entfernen. Denn manchmal ist es die beste Lösung, einen klaren Schnitt zu machen und sich von belastenden Dingen zu befreien.

Wenn wir uns dieses Prinzip bewusst machen und in unseren Alltag integrieren, erkennen wir, dass wir viel mehr Faktoren beeinflussen und positiv gestalten können, als es auf den ersten Blick erscheint. Und wir spüren, dass es gut tut, anderes einfach loszulassen.

Manchmal helfen auch ganz einfache Maßnahmen, die äußeren Ablenkungen zu reduzieren:

- Hilfreich kann es zum Beispiel sein, während wichtiger Arbeiten das Internet (bzw. Netzwerk) abzuschalten, das Telefon stumm zu stellen und Kommunikationsgeräte jeder Art wie Smartphones, Tablet-PCs etc. in einen anderen Raum zu verbannen.
- Auch lässt sich im Rahmen eines strikten E-Mail-Managements die Anzahl nicht relevanter E-Mails deutlich reduzieren.
- Da viele Menschen heute in Großraumbüros oder zumindest mit mehreren Personen in einem Raum zusammen arbeiten, macht es Sinn, sich für bestimmte Tätigkeiten in einen ruhigen Raum zurückzuziehen, in dem man ungestört ist und konzentriert arbeiten kann. Wenn das nicht möglich ist, hilft auch mal ein Kopfhörer als Lärmschutz.
- In jedem Fall lohnt sich die Überlegung, eventuell einen Teil der Arbeitszeit ins Home-Office zu verlegen.

Praxis: Störungen reduzieren
Ein effektiver Weg, um äußere Ablenkungen und Störungen zu reduzieren, ist ein gezieltes *Störungsmanagement*. Dies kann zum Beispiel in einem Großraumbüro, wo es generell viele Störungen gibt, hilfreich sein. Einfaches Störungsmanagement funktioniert so:

1. Störung/Ablenkung mithilfe der „W-Fragen" identifizieren (Wer? Was? Wann? Wo? Wie? Warum? Usw.).
2. Häufigkeit, Dauer und Schweregrad der Ablenkung oder Störung bestimmen (aufwändige Gegenmaßnahmen lohnen vor allem bei häufigen/dauerhaften und/oder schweren Störungen, gelegentlich auftretende kleinere Störungen und Ablenkungen können wir ignorieren lernen).
3. Gegenmaßnahmen entwickeln.

Eine weitere Möglichkeit, Ablenkungen zu reduzieren, ist ein *Störungstagebuch* zu führen. Darin halten Sie für den Zeitraum von ein paar Wochen Tag für Tag fest, welche Ablenkungen und Störungen aufgetreten und wie Sie damit umgegangen sind. Notieren Sie auch, was sich bewährt hat und was Sie in Zukunft verbessern möchten.

Innere Ablenkungen kontrollieren
Nicht zuletzt sind wir für viele Störungen und Ablenkungen auch selbst verantwortlich. So werden wir oftmals nicht in erster Linie durch äußere Reize abgelenkt – etwa Baulärm, E-Mails oder Telefonklingeln –, sondern durch Ablenkungen, die ihre Ursache in unserem eigenen Verhalten oder unseren Gedanken haben. Wer schaut nicht gern zwischendurch mal auf sein Smartphone, um zu prüfen, ob neue Nachrichten da sind? Es braucht Disziplin im Umgang mit sich selbst, um weitgehend ablenkungsfrei arbeiten zu können. Zu einer effektiven Aufmerksamkeitssteuerung gehört daher auch die bewusste Selbstbeobachtung.

Störungen in uns selbst können in verschiedener Form auftreten:

- Lustlosigkeit,
- Unkonzentriertheit,
- depressive Verstimmungen,
- Überlastung,
- Krankheit,
- Aufschieberei,
- „Aufgaben-Zapping“ beim Arbeiten,
- Scheinarbeit,
- Müdigkeit,
- Probleme und Konflikte,
- Ängste und Sorgen oder
- fehlende Identifikation.

Wenn wir gesund und motiviert sind und unsere Aufmerksamkeit bewusst steuern, werden diese inneren Störungen seltener auftreten. Aber in manchen Fällen kommen wir nicht umhin, uns die zugrundeliegenden eigentlichen Probleme für innere Störungen und Ablenkungen anzuschauen. Sie sind individuell sehr verschieden und haben u. a. mit der Persönlichkeit, dem Lebensstil und dem erlernten bzw. gewohnten Verhalten zu tun. Ebenso vielfältig sind die Ansatzpunkte, um inneren Ablenkungen entgegenzuwirken. Wichtig ist, sich zunächst einmal bewusst zu machen, welche Ablenkungen für einen selbst typisch sind, woran man sie erkennt und in welchen Situationen sie auftauchen. Daraus kann ein Bewusstsein entwickelt werden, das ähnlich wie ein Frühwarnsystem erkennt, wenn wir gedanklich abdriften, und den Fokus wieder auf die anstehende Aufgabe lenkt.

Achtsamkeit als Schlüsselkompetenz

> Schauen, ohne etwas Bestimmtes sehen zu wollen, reines Offen-Sein. Eine Blume anschauen, ohne sie zu bestimmen. Einen Menschen annehmen, wie er ist. Ohne Wertung und Urteil – ohne ihn in unsere Denkmuster und Schubladen zu sortieren.
> Willigis Jäger

Ein sehr alltagsbezogener und zugleich tiefgreifender Aspekt eines ganzheitlichen Selbstmanagements ist das Üben von Achtsamkeit. Worum geht es dabei? Achtsamkeit kann als eine besondere Form der Aufmerksamkeit aus einem speziellen Wahrnehmungs- und Bewusstseinszustand heraus verstanden werden. Nach dem Achtsamkeitslehrer Jon Kabat-Zinn [24] ist Achtsamkeit eine bestimmte Form der Aufmerksamkeit, die

- absichtsvoll ist,
- sich auf den gegenwärtigen Moment bezieht (statt auf Vergangenheit oder Zukunft) und
- nicht wertend ist.

Man könnte Achtsamkeit auch als eine Form der Bewusstheit über die gerade ablaufenden inneren und äußeren Vorgänge beschreiben. Mit Achtsamkeit wird kein spezieller Zustand (etwa Entspannung oder eine Gefühlsveränderung) angestrebt, sondern Sinneseindrücke, Empfindungen und Ereignisse werden nichtwertend wahrgenommen. Im Gegensatz zur Konzentration, die sich konkret (geschlossen) auf ein ganz bestimmtes Objekt oder Detail fokussiert, hat Achtsamkeit eine eher offene Ausrichtung – der Blick wird sozusagen weit gestellt. So wird eine eher breite Aufmerksamkeitshaltung erreicht, die es möglich macht, den tatsächlichen Gehalt einer Situation oder Wahrnehmung besser zu erfassen.

Warum ist Achtsamkeit so wichtig und was nützt sie uns für unser modernes Leben zwischen Meeting, Smartphone und Bio-Food „to go"? Achtsamkeit setzt genau dort an, wo die Probleme der heutigen Welt entstehen: bei der Aufmerksamkeitssteuerung.

L. Baus, *Selbstmanagement: Die Arbeit ist ein ewiger Fluss*,
DOI 10.1007/978-3-658-09593-2_11

- Warum beispielsweise entstehen häufig Konflikte? Weil durch achtlose Kommunikation wichtige Informationen fehlen oder Missverständnisse und Verletzungen entstanden sind. Wir waren dann nicht mit unserer vollen Aufmerksamkeit bei dem Gespräch oder haben den tatsächlichen Gehalt einer Situation nicht erfasst.
- Warum sind wir oft erschöpft und ausgebrannt? Weil wir achtlos mit unseren eigenen Ressourcen umgehen. Obwohl unser Körper uns deutliche Signale sendet, sind wir nicht aufmerksam genug, um sie wahrzunehmen.
- Warum können wir uns nicht mehr gut konzentrieren? Weil wir gelernt haben, auf jeden kleinen Reiz sofort zu reagieren. Unsere Aufmerksamkeit ist bei mehreren Dingen zugleich und bei keiner Sache ganz. Dadurch können nicht nur frustrierende, sondern auch gefährliche Situationen entstehen, etwa im Straßenverkehr.
- Warum fühlen wir uns so häufig überfordert? Weil wir kein inneres Gleichgewicht mehr haben und uns Klarheit fehlt, um die richtigen Entscheidungen zu treffen. Denn unsere Aufmerksamkeit ist nicht bei unseren Bedürfnissen, Werten und Zielen, sondern bei den Ansprüchen, Ängsten und Ablenkungen.

Achtsam sein bedeutet, sich voll und ganz auf das zu konzentrieren, was man gerade tut, mit allen Sinnen und Gedanken. Diese Fokussierung wird unterstützt von einer geistigen Haltung der entspannten Klarheit und Offenheit. Wer lernen will, sich von zeitraubenden Ablenkungen zu befreien und fokussierter zu handeln, muss zunächst lernen, sich selbst und seine Umgebung bewusster wahrzunehmen. Dies führt zu mehr geistiger Klarheit und Ausgeglichenheit (Abb. 1).

Achtsamkeit kann ein sehr wirkungsvolles Instrument sein. Sie erlaubt uns einerseits, die eigenen Bedürfnisse bewusster wahrzunehmen und unsere Fähigkeiten gezielter zu entwickeln. Andererseits hilft uns Achtsamkeit dabei, die täglichen Herausforderungen fokussierter und effektiver zu bewältigen.

Abb. 1 Achtsamkeit als Schlüsselkompetenz

Um Achtsamkeit zu lernen, können wir auf uralte Traditionen zurückgreifen, die in einer Zeit, da so manche Planungsinstrumente und Managementtools versagen, wieder neue Kraft entfalten und aktueller sind denn je. Zen-Mönche etwa üben sich seit Jahrhunderten anhand der Meditation, des *Zazen*, in der Kunst des mentalen Fokussierens und Loslassens. Sie nutzen auch *Koans*, gedichtartige und auf den ersten Blick widersinnige Worträtsel, um sich von einschränkenden Glaubenssätzen zu befreien.

In der erfahrungsorientierten Zen-Lehre spielt zudem die Fokussierung auf den Alltag eine weitere wichtige Rolle: „Zen ist nicht etwas Aufregendes, sondern die Konzentration auf deine alltäglichen Verrichtungen", so Meister Shunryu Suzuki [49]. Gemeint ist damit vor allem, die Dinge, mit denen man gerade beschäftigt ist, sehr bewusst und aufmerksam zu tun, ohne sich von anderen Reizen ablenken zu lassen. Beim Essen wirklich nur zu essen, und dabei nicht zu telefonieren, im Internet zu surfen oder fernzusehen. Fokussiert zu arbeiten. Sich auf ein Gespräch vollständig einzulassen. Zu ruhen, wenn es Zeit ist. Gezieltes *Monotasking* sozusagen.

Der Arzt und Achtsamkeitslehrer Jon Kabat-Zinn [25] empfiehlt hierzu, die Dinge, die man gerade tut, so zu verrichten, als hinge das eigene Leben davon ab. Durch diese gedankliche Vorstellung fällt es leichter, sich dem eigenen Tun wirklich mit der vollen Aufmerksamkeit zu widmen.

Das im Buddhismus und auch im Christentum verankerte Prinzip der Achtsamkeit basiert ebenfalls auf dieser Grundhaltung. Besonders gut zum Üben von Achtsamkeit im Alltag sind alltägliche Verrichtungen wie Putzen oder Kochen. Im Tagesablauf eines Zen-Klosters spielen sie eine nicht weniger wichtige Rolle als die Meditationen.

Gerade die Alltagsbezogenheit dieser Lehre kann uns helfen, unter den heutigen Bedingungen ein besseres Leben zu führen, das nicht nur mehr Qualität in der Arbeit, sondern auch weniger Stress und ein erfülltes Dasein bedeutet. Es ist wichtig zu wissen, dass das Prinzip der Achtsamkeit, ebenso wie die Zen-Lehre, nicht an eine bestimmte Religion oder Glaubensvorstellung gebunden ist. Jemand kann also Buddhist, Jude, Hindu, Moslem, Christ oder Atheist sein und zugleich Zen praktizieren. Und wem die Auseinandersetzung mit Zen nicht liegt, der kann auch auf anderen Wegen lernen, achtsamer zu sein.

Gelingt es uns, wieder mehr Achtsamkeit in unser Leben und unsere Arbeit zu integrieren, haben wir ein sehr effektives Mittel, um den Defiziten der heutigen Lebens- und Arbeitswelt zu begegnen. Dadurch werden die bestehenden Methoden zum Priorisieren oder Planen, Strukturieren oder Bearbeiten nicht ersetzt, sondern ergänzt. Weil sich aber die Grundhaltung ändert und wir uns besser auf die wesentlichen Dinge konzentrieren können, arbeiten wir auch effektiver und leben glücklicher.

Praxis: Einfache Meditation

Einer der ältesten und effektivsten Wege, um Achtsamkeit zu üben, ist die Meditation. Dafür müssen wir nicht den Lotossitz beherrschen oder Räucherstäbchen anzünden, sondern benötigen lediglich einen ruhigen Ort, an dem wir ungestört sind.

Und so funktioniert die einfache Meditation nach David Fontana [13]:

- Setzen Sie sich aufrecht auf einen Stuhl und stellen Sie Ihre Füße schulterbreit voneinander entfernt auf den Boden. Am besten sitzen Sie auf der vorderen Hälfte der Sitzfläche, nicht angelehnt.
- Legen Sie Ihre Hände auf den Oberschenkeln ab und entspannen Sie Ihre Schultern.
- Schauen Sie nach vorn und senken Sie leicht Ihren Blick. Sie können die Augen auch schließen.
- Entspannen Sie Ihren Kiefer.
- Nehmen Sie Ihre Atmung wahr, beobachten Sie, wie der Atem ein- und ausgeht.
- Stellen Sie sich nun vor, dass Sie durch den Bauchnabel einatmen und durch die Nase wieder ausatmen. Wenn Sie einatmen, füllt sich der Bauch mit Luft wie ein Ballon, und wenn Sie ausatmen, fällt er wieder in sich zusammen.
- Lassen Sie den Körper den Rhythmus Ihrer Atmung selbst bestimmen.
- Achten Sie darauf, dass Ihr Körper entspannt bleibt und dass Sie aufrecht sitzen.
- Stellen Sie sich vor, dass Sie mit jedem Einatmen frische neue Energie tanken und dass mit jedem Ausatmen ein Stück Anspannung abfällt.
- Versuchen Sie, Ihre Gedanken loszulassen. Stellen Sie sich dazu vor, mit jedem Ausatmen entweichen diese aus Ihrem Kopf wie Rauch aus einem Schornstein.
- Bleiben Sie so lange auf diese Weise sitzen, bis Sie das Gefühl haben, völlig leer und entspannt zu sein.
- Wenn Sie sich entschlossen haben, die Meditation zu beenden, atmen Sie mehrmals tief durch, öffnen die Augen, stehen auf und strecken sich.

Anfangs wird es Ihnen vielleicht schwer fallen, ruhig dazusitzen. Immer wieder werden Gedanken durch Ihren Kopf schwirren und Ihre Aufmerksamkeit fordern oder Sie spüren Verspannungen und Unruhe im Körper. Konzentrieren Sie sich dann einfach darauf, entspannt und gerade zu sitzen, zu atmen, die Gedanken loszulassen, leer zu werden. Sitzen, atmen, leer werden. Achten Sie darauf, nicht einzuschlafen. Mit der Zeit bekommen Sie Übung und finden immer besser in diesen Zustand hinein.

Achtsamkeit schulen in der Natur

Freizeitaktivitäten in der Natur bieten unzählige Möglichkeiten, Achtsamkeit zu üben. Dies kann wie selbstverständlich geschehen, wenn man sich ganz auf seine Umgebung einlässt. Sportarten wie Klettern, Surfen oder Golfspielen sind gut geeignet, um die Achtsamkeit zu schulen. Sie machen nur wirklich Spaß, wenn man ganz bei der Sache ist. Aber auch Laufen, Schwimmen oder Radfahren bekommen eine andere Qualität, wenn wir uns ganz darauf konzentrieren. Im Grunde lässt sich Achtsamkeit in jeder Situation trainieren, daher ist es weniger wichtig, welche Aktivität Sie draußen ausüben, sondern dass es Ihnen Freude bereitet.

Weil Tiere besonders geübt in der Aufmerksamkeitssteuerung und -wahrnehmung sind (sie ist in der freien Natur überlebenswichtig), stellen sie sehr gute Achtsamkeitslehrer dar. Wenn Sie die Möglichkeit haben, mit Haustieren umzugehen, werden Sie feststellen, dass es einen enormen Unterschied macht, ob Sie fokussiert und achtsam vorgehen oder unkonzentriert und nicht präsent sind.

Gerade Pferde, Hunde oder Katzen, aber natürlich auch viele andere Tiere sind ein sensibler Spiegel Ihres Verhaltens. Die Tiere zeigen durch Ihre Reaktion unmittelbar, ob ein Kontakt zustande gekommen ist und die Kommunikation funktioniert. Ist der Mensch fokussiert und achtsam, gelingt es viel eher, die Aufmerksamkeit des Tieres zu wecken und zu halten. Wer aber telefonierend mit seinem Hund spazieren geht, muss sich nicht wundern, wenn dieser nicht gehorcht.

Achtsamkeit üben im Alltag

Wenn wir Dinge tun, geschieht das oft unbewusst, achtlos, nebenher. In der Zen-Lehre heißt es: „Wenn du isst, dann isst du; wenn du schläfst, dann schläfst du; wenn du gehst, dann gehst du." Das ist Achtsamkeit. Davon können wir einiges für ein gutes Selbstmanagement lernen. Denn es ist besser, die Dinge, die wir gerade tun, auch wirklich bewusst und achtsam auszuüben. Oft jedoch machen wir mehrere Dinge gleichzeitig, denken bei der Arbeit an zu Hause, zu Hause an die Arbeit, beim Gespräch mit einem Menschen an etwas anderes usw. Die Folge ist, dass wir das, was wir gerade tun, nicht bewusst erleben. Beim achtlosen Umgang mit der Umwelt und auch mit uns selbst entstehen Unachtsamkeiten, Verletzungen, Stress und Probleme.

Achtsamkeit lässt sich am besten im Alltag üben: beim Kochen oder Aufräumen, beim Sport oder in einem Gespräch, beim Teetrinken oder der Gartenarbeit, beim Schreiben oder Rechnen. Im Grunde geht es dabei darum, das, was man gerade tut, mit der vollen Aufmerksamkeit zu tun. Achtsamkeit ist nichts anders als konzentriertes *Monotasking*.

Üben können Sie Achtsamkeit also bei allem, was Sie tun. Eine wunderbare Möglichkeit, damit zu beginnen, bietet Ihnen ein Spaziergang. Versuchen Sie dabei, alles ganz bewusst und achtsam zu erleben: das Gehen, das Atmen, das Sehen, Hören, Fühlen, Riechen. Nehmen Sie die Dinge war, die Ihnen begegnen. Vielleicht möchten Sie für diese Zeit Ihr Mobiltelefon ausschalten.

Vergessen Sie Multitasking

Multitasking ist die Idee, mehrere Tätigkeiten gleichzeitig auszuführen bzw. verschiedene Aufgaben im schnellen Wechsel mehr oder weniger parallel zu bearbeiten. In den neunziger Jahren wurde in Hollywood-Filmen das Bild des erfolgreichen Leistungsträgers vermittelt, der vor mehreren Computermonitoren saß, telefonierte und dabei noch cool eine Zigarette rauchen konnte oder ein Sandwich zu sich nahm, während er nebenbei ein entspanntes Gespräch mit Kollegen führte.

Damals dachte man, Multitasking wirke sich positiv auf die Produktivität aus. Heute hat sich die Erkenntnis durchgesetzt, dass dies ein Irrtum war. Das liegt ganz einfach daran, dass der Mensch nicht dafür geschaffen ist, mehrere anspruchsvolle Dinge gleichzeitig zu tun. Gelingt es ihm trotzdem, seine Aufmerksamkeit zu teilen, dann spielen dabei folgende Einflüsse eine wichtige Rolle:

- der Schwierigkeitsgrad der Aufgaben,
- die Ähnlichkeit der Aufgaben (welche Sinne werden angesprochen?) und
- die Automatisierbarkeit der Durchführung dieser Aufgaben.

Natürlich kann man spazieren gehen und sich dabei unterhalten, oder essen und zugleich fernsehen. Das liegt daran, dass zumindest eine der parallel ausgeübten Tätigkeiten weitgehend automatisiert ist, wie etwa das Gehen oder Essen. Je besser wir eine Tätigkeit beherrschen und je automatischer also ihre Durchführung abläuft, desto leichter fällt es uns, zugleich etwas anderes zu tun. Aber sobald das Gespräch interessant wird oder Konzentration erfordert, verlangsamt sich automatisch der Gang und die Aufmerksamkeit für die Umgebung lässt nach. Und wenn der Film spannend ist, vergisst man das Kauen und schluckt das Essen herunter, ohne es zu schmecken.

L. Baus, *Selbstmanagement: Die Arbeit ist ein ewiger Fluss,*
DOI 10.1007/978-3-658-09593-2_12

Abb. 1 Vergessen Sie Multitasking

Problematisch wird es, wenn mehrere anspruchsvolle Aktivitäten zusammenkommen. So weisen zum Beispiel E-Mails, die während eines Telefonats geschrieben wurden, häufig Schreibfehler und schlechte Formulierungen auf oder die achtlose Kommunikation am Telefon führt zu Missverständnissen und Konflikten. Ähnliche Aufgaben wie etwa Zeitunglesen und Nachrichten im Radio hören (beides dient der Informationsaufnahme) fallen ebenfalls schwerer bei gleichzeitiger Ausübung. Richtig gefährlich wird geteilte Aufmerksamkeit schließlich im Straßenverkehr oder in anderen sicherheitsrelevanten Situationen.

Wir können davon ausgehen, dass nur sehr wenige Menschen ansatzweise in der Lage sind, Multitasking auszuführen. Für alle anderen gilt: Wenn es wichtig ist, lieber eins nach dem anderen (Abb. 1)!

Natürlich ist unser heutiger Lebens- und Arbeitsstil nicht mehr auf dieses „langsame" Vorgehen ausgerichtet. Viele Aufgaben und Anforderungen erreichen uns gleichzeitig und es wird eine permanente Kommunikationsbereitschaft erwartet. Letztlich müssen wir uns aber bewusst machen, dass unsere Leistung nicht in erster Linie anhand des Aktivitätslevels, sondern vor allem anhand der Ergebnisse bewertet wird. Daher ist es umso wichtiger, in den Tagesablauf gezielt Phasen von Monotasking zu integrieren. Das ist im Endeffekt nicht nur produktiver und kommt der Aufmerksamkeit zugute, sondern reduziert auch den negativen Stress spürbar.

Wie Flow entsteht

Gutes Selbstmanagement realisiert sich in einer besseren Lebens- und Arbeitsqualität. Dazu gehört auch, den gewählten Anforderungen passende Fähigkeiten gegenüberzustellen. Die ideale Arbeitsqualität erleben wir, wenn wir dem, was von uns verlangt wird, auch gewachsen sind.

Passen Anforderungen und Fähigkeiten perfekt zusammen, läuft die Arbeit leicht von der Hand. Dann erleben wir *Flow*. Das macht nicht nur Spaß, sondern ist auch sehr erfüllend. Liegen die Anforderungen allerdings deutlich über den eigenen Fähigkeiten, entsteht Stress. Dass muss nicht immer negativ sein, denn sich für ein Ziel oder eine Aufgabe anzustrengen, erweitert letztlich auch unsere Fähigkeiten – vorausgesetzt, wir werden nicht überfordert. Im umgekehrten Fall, also wenn unsere Fähigkeiten deutlich über das hinausgehen, was uns abverlangt wird, kann Unterforderung entstehen. Abbildung 1 zeigt das Flow-Prinzip grafisch.

Der Begriff *Flow* stammt von Mihály Csíkszentmihályi [11], der damit das Gefühl des völligen Aufgehens in einer Tätigkeit beschreibt. Wenn wir im Flow sind, befinden sich unser Fühlen, unser Wollen und unser Denken in Übereinstimmung. Wir sind einfach ganz bei dem, was wir gerade tun, und sind dem auch wirklich gewachsen: Fähigkeiten und Anforderungen stehen in einem ausgeglichenen Verhältnis (Abb. 2).

Wenn wir im Flow sind, spielen weder die Zeit noch das, was um uns herum passiert, eine Rolle, und das Handeln geht mühelos vonstatten. Wir vergessen uns selbst dabei vielleicht sogar. Viele Tätigkeiten können Flow erzeugen. Bei einer genaueren Analyse fand Csíkszentmihályi [11] folgende Faktoren, die Flow erzeugende Aktivitäten gemeinsam haben (nicht alle Bestandteile müssen gleichzeitig vorhanden sein):

L. Baus, *Selbstmanagement: Die Arbeit ist ein ewiger Fluss*,
DOI 10.1007/978-3-658-09593-2_13

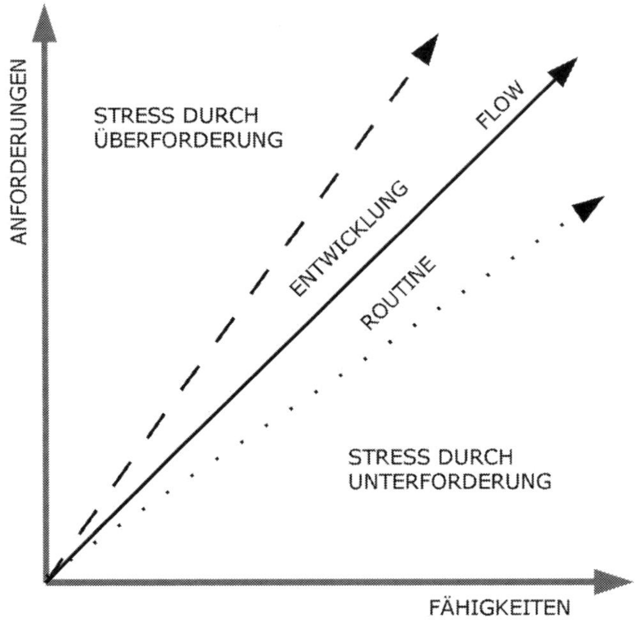

Abb. 1 Das Flow-Prinzip

- Wir sind der Aktivität gewachsen.
- Wir sind fähig, uns auf unser Tun zu konzentrieren.
- Die Aktivität hat deutliche Ziele.
- Die Aktivität hat unmittelbare Rückmeldung.
- Wir haben das Gefühl von Kontrolle über unsere Aktivität.
- Unsere Sorgen um uns selbst verschwinden.
- Unser Gefühl für Zeitabläufe ist verändert.

Diese Faktoren gelten für alle Lebensbereiche: für die Arbeit, für Beziehungen oder die Freizeit. Wer mehr Flow erleben will, kann dafür einmal prüfen, inwieweit die gestellten Aufgaben sich auch mit den eigenen Fähigkeiten decken und ob es möglich ist, diese auch ungehindert einzubringen. Passen Aufgaben und Fähigkeiten nicht gut zueinander, kann versucht werden, die Aufgaben neu zu definieren oder die eigenen Fähigkeiten weiterzuentwickeln.

Abb. 2 Wie Flow entsteht

Teil IV
Wie nutze und erlebe ich die Zeit besser?

Wie realistische Zeitplanung funktioniert

> Wer leben will, der muss sich Zeit nehmen. Ohne Zeit gibt es kein Leben.
> Anselm Grün

Ein ganz praktischer Aspekt des Selbstmanagements ist Zeitplanung. Gute Zeitplanung kann einen entscheidenden Unterschied machen, wenn es darum geht, Stress zu reduzieren und eine gute Arbeitsqualität zu erleben. In unserer heutigen dynamischen Lebens- und Arbeitswelt ist es jedoch bisweilen schwer, eine einmal vorgenommene Planung auch tatsächlich umzusetzen. Oft entspricht der Ablauf der Ereignisse nicht der Planung oder es treten Veränderungen auf, die eine neue Planung notwendig machen. Trotzdem ist es hilfreich, seine Zeit zu strukturieren, um selbstbestimmter leben und arbeiten zu können. Weichen die tatsächlichen Ereignisse von der Planung ab, hilft es, flexibel zu bleiben und die Planung notfalls anzupassen. Es ist jedenfalls immer besser einen Plan zu haben als keinen (Abb. 1).

Zeitplanung lässt sich mit Gartenpflege vergleichen: Es gibt immer etwas zu tun! Aber im Garten muss nicht immer alles erledigt werden. Bestimmte Aufgaben wie der Beschnitt der Sträucher oder die Aussaat nimmt man nur wenige Male im Jahr vor, andere wie das Wässern oder Rasenmähen dagegen häufiger. So verhält es sich auch mit der Zeitplanung. Es gibt Aufgaben und Aktivitäten, die man in der Jahresplanung organisiert (zum Beispiel Urlaube oder Veranstaltungen). Andere Tätigkeiten hingegen werden besser mit der Wochen- oder Tagesplanung strukturiert (zum Beispiel Meetings oder das Tagesgeschäft).

Eine gute Zeitplanung können wir uns vorstellen wie ein ordentlich aufgeräumtes Bücherregal, in dem die Bücher „luftig" gestellt sind. Das heißt, wir finden auf Anhieb jedes Buch, das wir suchen, und es ist immer noch genug Platz im Regal, um gegebenenfalls ein paar Bücher dazuzustellen. Unsere Termine sind wie die Bücher im Regal: Sind es zu viele und fehlt eine gute Struktur, entsteht Stress. Um dies zu vermeiden, planen wir unsere Zeit in unterschiedlichen Dimensionen.

L. Baus, *Selbstmanagement: Die Arbeit ist ein ewiger Fluss*,
DOI 10.1007/978-3-658-09593-2_14

Abb. 1 Wie realistische Zeitplanung funktioniert

Die verschiedenen Dimensionen der Zeitplanung

Gute Zeitplanung findet in verschiedenen Größenordnungen statt:

- Jahresplanung,
- Quartalsplanung,
- Monatsplanung,
- Wochenplanung und
- Tagesplanung.

Aufgabe der *Jahresplanung* ist es, übergreifende, große Ziele (zum Beispiel Unternehmensziele, Projektziele oder persönliche Entwicklungsziele) festzulegen. Auch Urlaube, Messen und Kongresse, Geburtstage, Feiertage und Reisen werden im Jahresplan festgehalten. Die Jahresplanung enthält die Meilensteine einer groß angelegten Planung.

In einigen Unternehmen kann die *Quartalsplanung* von Bedeutung sein. Dabei geht es meist um Reports, Budgetplanung oder Quartalszahlen. Die Quartalsplanung konkretisiert nochmals die Jahresplanung, ist aber für die persönliche Planung weniger bedeutsam. Sie kann für ein saisonal bedingtes Geschäft wichtig werden und ist auch der Rahmen für persönliche Gesundheitschecks.

Die *Monatsplanung* ist vor allem für die persönlichen Finanzen relevant. Zum Monatsbeginn bekommen wir unser Gehalt und die regelmäßigen Verpflichtungen wie Miete, Strom, Kreditraten etc. werden abgebucht.

Der beste Zeitrahmen für die Umsetzung konkreter Ziele ist die *Wochenplanung*. An Zielen jeden Tag zu arbeiten ist kaum möglich – und monatlich wäre zu selten. Aber im Verlauf einer Woche ist es durchaus möglich, regelmäßig an einem Ziel zu arbeiten. Ähnliches gilt für die verschiedenen Lebensbereiche: Wer kann schon allen Lebensbereichen an einem Tag gerecht werden? Im Rahmen einer Woche ist das aber gut machbar. Insofern ist die Wochenplanung das geeignete Instrument zum Organisieren der Work-Life-Balance.

Die *Tagesplanung* ist schließlich die kleinste sinnvolle Planungsgröße. Hier realisieren sich Termine und Aufgaben in konkreten Zeiteinheiten (Stunden, Minuten). Die Tagesplanung ist aber auch das geeignete Instrument für die Gestaltung der persönlichen

Lebensführung und Gesundheit. Dazu gehören die wichtigen Faktoren Ernährung, Bewegung und Schlaf.

Praxis: Lebensbalance mit der Wochenplanung

Die Wochenplanung ist ein geeignetes Instrument, um eine gute Lebensbalance herzustellen. Denn während es an einem einzelnen Tag so gut wie unmöglich ist, allen Lebensbereichen gleichermaßen gerecht zu werden, lässt sich dieses im Laufe einer Woche schon besser umsetzen. Ein monatlicher Abstand wiederum wäre für regelmäßige Aktivitäten in den wichtigen Lebensbereichen zu groß.

Wenn jeder Lebensbereich auf Ihrem Wochenplan eine Farbe bekommt (zum Beispiel blau für alle beruflichen Termine, rot für alle Beziehungs- und Familienzeiten, grün für Freizeitaktivitäten, gelb für Sport und Entspannung, lila für spirituelle Momente etc.), können Sie gut erkennen, wie sich Ihre Zeit auf die einzelnen Lebensbereiche verteilt. Eine gute Woche ist „bunt". Das bedeutet, jeder Lebensbereich findet sich im Laufe der Woche im richtigen Maße wieder. Skizzieren Sie doch einmal, wie für Sie persönlich eine Wochenplanung aussieht, mit der Sie sich wohl und ausgeglichen fühlen.

Realistische Tagesplanung

Während für das Umsetzen von Zielen die Wochenplanung von Bedeutung ist, organisieren wir das operative Tagesgeschäft mit der Tagesplanung. Sie sollte stets schriftlich erfolgen. Einige einfache Regeln können Ihnen dabei helfen, sie realistisch zu gestalten. Das setzt voraus, dass alle wichtigen Aktivitäten dokumentiert werden und wir von jeder Aktivität ungefähr wissen, wie viel Zeit sie beansprucht. Wichtig ist, nicht zu viel Zeit auf die Planung zu verwenden und auch nicht stur darauf zu beharren, sonst entsteht unnötiger Stress. Aufgrund der heute üblichen dynamischen Abläufe in den Arbeitsprozessen liegt der Sinn der Tagesplanung darin, dem Tag soweit möglich Struktur zu geben. Allerdings sollte das nicht zum Zwang oder Selbstzweck werden, sondern flexibel gehandhabt werden.

Zu Beginn der Tagesplanung können Sie sich Ihre To-do-Liste vornehmen und prüfen, welche Dinge an dem betreffenden Tag wichtig sind. Dabei kann zum Beispiel die ABC-Analyse oder das Eisenhower-Prinzip hilfreich sein, wie in Kapitel „Prioritäten setzen und effektiver werden" vorgestellt wurde. Sie können aber auch formlos beschließen, was Sie für wichtig erachten. Wenn Sie sich entschieden haben, in welcher Reihenfolge Sie die Aufgaben bearbeiten wollen, können Sie Ihren Tagesablauf grob skizzieren. Dabei sollten Sie ausreichende Pufferzeiten berücksichtigen: Planen Sie für eine bestimmte Aktivität immer etwas mehr Zeit ein, als Sie spontan schätzen würden. Ist ein Termin offiziell auf 90 min angesetzt, rechnen Sie dafür ruhig zwei Stunden ein. Das verschafft Ihnen ausreichend Zeitpuffer, falls der Termin doch noch länger dauert oder etwas anderes dazwischen kommt. Legen Sie Termine möglichst nicht direkt aneinander, sondern lassen Sie stets etwas Luft dazwischen – so beugen Sie Stress vor.

Am Ende des Tages können Sie diesen noch einmal Revue passieren lassen: Was haben Sie geschafft, was ist unerledigt geblieben? Was davon wird übertragen und welche Aufgaben werden eventuell ganz gestrichen? Versuchen Sie, Ihre Zeitplanung möglichst einfach und übersichtlich zu halten.

Praxis: Tagesplanung

Es ist stets besser, den Tagesablauf im Vorfeld zu skizzieren als gar nicht zu planen. Aber nicht jeder Tag lässt sich perfekt planen. Gutes Selbstmanagement zeigt sich auch in einer gewissen Flexibilität im Umgang mit Plänen. Ist der Tagesplan einmal erstellt, wird es unter Umständen nötig sein, diesen über den Tag hinweg zu aktualisieren und flexibel zu handhaben. Wir sollten uns daher nicht zum Sklaven unserer eigenen Planung machen, sondern notfalls auch von der Planung abweichen, wenn geänderte Prioritäten dies erfordern.

Folgende Punkte können Ihnen helfen, Ihre Tagesplanung zu verbessern:

- *60:40-Regel:* Im klassischen Zeitmanagement nach Lothar J. Seiwert [40] wird empfohlen, maximal 60 % der effektiven Arbeitszeit für konkrete Aktivitäten wie Aufgaben, Meetings, Präsentationen etc. zu verplanen. 40 % der Arbeitszeit sollten ungeplant bleiben. Auch wenn es in der Praxis nicht immer einfach umzusetzen ist, macht diese Regel durchaus Sinn. Sie werden nämlich merken, dass sich der Zeitpuffer schnell mit unerwarteten Ereignissen wie Störungen und Unterbrechungen oder mit spontaner Kommunikation und sozialen Aktivitäten füllt.
- *Zeitblöcke:* Versuchen Sie, gleichartige Tätigkeiten, wie E-Mail-Kommunikation, Abrechnung oder Dokumentation in Zeitblöcken zu erledigen. So vermeiden Sie, dass Sie ständig zwischendurch abgelenkt und unterbrochen werden.
- *Stiller Moment:* Ein wichtiges Element der Tagesplanung ist der sogenannte stille Moment. Das kann eine Stunde sein oder auch nur zwanzig Minuten. In dieser Zeit wird das Telefon umgeleitet, es werden keine E-Mails abgerufen und man lässt sich auch sonst nicht stören oder ablenken. In dem stillen Moment können wir in Ruhe Konzepte schreiben, Angebote formulieren oder Entscheidungen reflektieren. Es ist auch eine gute Gelegenheit, um die Zeitplanung aufzustellen oder sich einfach mal zu entspannen.

Zeitplansysteme und Kalender

Es gibt die unterschiedlichsten Ausführungen und Formate von Kalendern oder Zeitplanungssystemen, analog oder digital. Im Wesentlichen ist es Geschmackssache oder abhängig von Ihrer Arbeitsumgebung, welche Ausführung für Sie persönlich am besten funktioniert. Ein paar Regeln sind jedoch ganz hilfreich:

- Nutzen Sie möglichst nur ein System für alle beruflichen und persönlichen Termine.
- Zeitplanung sollte immer schriftlich erfolgen.
- Berücksichtigen Sie alle Lebensbereiche.
- Wählen Sie das Format nicht zu groß.
- Überfrachten Sie Ihren Planer nicht mit anderen Dokumenten.
- Achten Sie bei mehreren Systemen auf regelmäßige Synchronisation.

Ihr Kalendersystem sollte neben den klassischen Informations- und Organisationseinheiten vor allem eine übersichtliche Jahres-, Wochen- und Tagesplanung enthalten. Zweck eines Kalenders ist es, Ziele, Termine und Aufgaben in handhabbare Einheiten zu unterteilen und das Leben so zu organisieren, wie es für den Benutzer Sinn macht. Daher ist es wichtig, dass Sie ein Kalendersystem wählen, das zu Ihren Anforderungen passt.

Vereinbaren Sie Termine nie ohne Ihren Kalender. Überlegen Sie behutsam, wie viel Zeit Sie benötigen werden und berücksichtigen Sie dabei auch den entsprechenden Vorlauf für Vorbereitungen, Anreise und eine realistische Pufferzeit. Unterschätzen Sie auch nicht die Nachfolgezeit von Terminen. Also besser nicht die Ereignisse „Schlag auf Schlag" planen, sondern immer ausreichend Luft dazwischen lassen.

Erlauben Sie sich auch eine gewisse Souveränität und Flexibilität mit Ihrer Planung. Wenn Sie das Vorgenommene nicht schaffen, tun Sie gut daran, es rechtzeitig zu erkennen und entsprechende Maßnahmen einzuleiten. Ihr Kalender kann auch persönliche Arbeitsmethoden enthalten, zum Beispiel Notizen und Checklisten.

Wie Zeitschulden entstehen

Wenn wir einen Kredit aufnehmen oder unser Haus mit einer Hypothek belasten, überlegen wir uns das vorher ganz genau. Werden wir aber um einen Termin oder eine Leistung in einigen Wochen oder Monaten gebeten, sagen wir oft spontan ohne großes Nachdenken zu. Was viele nicht realisieren: Ein Termin, eine Zusage oder eine versprochene Leistung ist immer auch eine Zeitschuld, die wir irgendwann einlösen müssen.

Daher ist es wichtig, sich vor einer Zusage zu überlegen, ob für den Termin oder die gefragte Leistung wirklich Zeitressourcen vorhanden sind. Übersehen wird dabei oft, dass der eigentliche Termin in der Regel von „Nebenwirkungen", zum Beispiel Reisen, Vor- und Nachbereitungen, Telefonaten usw. begleitet ist. Oft sind es gerade diese Begleiteffekte, die dann unseren Terminkalender sprengen und uns unter Zeitdruck setzen. Wenn Sie um einen Termin oder eine Zusage gebeten werden, verpflichten Sie sich daher

- nicht ohne Bedenkzeit,
- nicht früher als nötig,
- nicht zu langfristig,
- nicht vollkommen und
- nicht unnötig.

Um Zeitschulden zu vermeiden, können Sie sich einen zeitlichen Spielraum erhalten, sich die tatsächliche Größe der Verpflichtung bewusst machen und sich nicht unter Druck setzen lassen. Hilfreich ist auch, das Nein-Sagen zu lernen und dafür zu sorgen, dass nicht andere, sondern Sie selbst über Ihr Zeitbudget verfügen.

Zeitfresser und Zeitdiebe erkennen

Effektives Arbeiten wird nicht nur durch Störungen, sondern auch durch unnötige Dinge oder Ereignisse behindert, die unsere Zeit „fressen". Das verursacht Stress, weil der Druck auf die noch ausstehenden Arbeiten steigt. Zeitdiebe sind Tätigkeiten, Dinge, Verhaltensweisen oder Ereignisse, die nicht konstruktiv zur Bewältigung der anstehenden Aufgaben beitragen, sondern uns von den wesentlichen Dingen abhalten, zum Beispiel:

- fehlende Ziele,
- mangelnde Orientierung,
- schlechte Priorisierung,
- Chaos und Unordnung,
- falsche Planung,
- Verlegenheitsarbeiten,
- unprofessionelle Besprechungen,
- Aufschieberei,
- Perfektionismus und Technokratie,
- Hektik und Ungeduld,
- schlechte Kommunikation,
- Dienst-nach-Vorschrift-Mentalität,
- mangelnde Vereinbarungen,
- ungenügende Kompetenzabgrenzung,
- schlechtes Teamwork,
- fehlende Methodenkenntnis,
- schlechte Selbstorganisation,
- Unfähigkeit zum Nein-Sagen,
- Stress und emotionaler Druck,
- Streitereien und Konflikte,
- fehlende Entscheidungsfähigkeit,
- Probleme beim Delegieren oder
- fachliche Inkompetenz.

Zeitdiebe lassen sich am besten identifizieren, wenn wir uns genauer beobachten: Wofür verwenden wir unsere Zeit wirklich? Um Zeitdieben effektiv zu begegnen, werden einerseits mittel- und langfristige Maßnahmen notwendig sein, andererseits müssen viele Zeitdiebe immer wieder „in flagranti" erwischt und unschädlich gemacht werden – eine tägliche Aufgabe. Vor allem gegenüber dem Verhalten anderer Personen braucht es dazu die Fähigkeit, sich angemessen abzugrenzen.

Praxis: Meine persönlichen Zeitdiebe

Verhaften Sie doch einmal Ihre ganz persönlichen Zeitdiebe. Unterscheiden Sie auch hierbei wieder nach Lebensbereichen. Was können Sie gegen die Räubereien tun?

	Zeitdiebe	Gegenmaßnahme
Aufgabe		
Beziehungen		
Körper		
Ausgleich		
Sinn		

Zeitstress vermeiden

Wenn der Ablauf der Ereignisse nicht mit unserer Planung übereinstimmt, entsteht häufig Zeitstress. Wir fühlen uns dann gehetzt und unter Druck, nehmen gar nicht mehr wahr, was im Moment geschieht, sondern denken nur noch daran, wie wir einen Termin oder eine Aufgabe doch noch schaffen können, obwohl uns weniger Zeit zur Verfügung steht als gedacht.

In diesen Situationen ist es hilfreich, sich zu entscheiden: „Was ist jetzt wirklich wichtig? Worauf richte ich meine Aufmerksamkeit? Was erledige ich später oder gar nicht? Wie will ich mich jetzt verhalten?“ Wenn diese Fragen geklärt sind, ist es leichter, sich auf das Wesentliche zu konzentrieren und nicht vom Zeitstress aus der Bahn werfen zu lassen. Zeitstress kann durch verschiedene Ursachen ausgelöst werden:

- Die benötigte Zeit für ein Vorhaben ist zu knapp kalkuliert.
- Termine sind ohne oder mit zu wenig Pufferzeit geplant worden.
- Wichtige Ressourcen zur Bearbeitung einer Aufgabe fallen aus.
- Zulieferungen erfolgen verspätet.
- Etwas Unvorhergesehenes ist passiert.
- Die Arbeitsprozesse sind unprofessionell.
- Es kommt ständig zu Störungen und Unterbrechungen.
- Die Terminierung für ein avisiertes Ziel wurde vorverlegt.
- Alte Zeitschulden oder Aufgeschobenes beeinträchtigen unsere Arbeit.

Um Zeitstress entgegenzuwirken ist es notwendig, etwas gegen die oben genannten Ursachen zu tun; das heißt, Arbeitsprozesse, Planung und Ressourcen müssen so ausgelegt werden, das die Bewältigung einer Aufgabe auch dann noch möglich ist, wenn es Verzögerungen oder Störungen gibt. Das gilt sowohl für größere Vorhaben und Projekte als auch für das persönliche Tagesgeschäft oder das Privatleben.

Zudem ist es hilfreich, sich in mehr Gelassenheit im Umgang mit unvorhersehbaren Situationen zu üben, zum Beispiel indem wir uns bewusst machen, dass die Arbeit ein Prozess ist, der nie wirklich aufhört (die Arbeit ist ein ewiger Fluss), und dass es darauf ankommt, sich auf das Arbeiten an sich (das Schwimmen) zu konzentrieren, anstatt ständig auf die Uhr zu schauen.

Praxis: Zeitstress in den Griff bekommen

Wie entsteht in Ihrem Leben Zeitstress? Und vor allem: Was können Sie dagegen unternehmen? Beschreiben Sie typische Situationen, die bei Ihnen Zeitstress auslösen, benennen Sie die konkreten Ursachen und Auswirkungen, und suchen Sie nach Lösungsansätzen:

Situation	Ursache	Auswirkung	Mögliche Lösung

Die innere Uhr kennenlernen

Wer ein besseres Gefühl für die eigene Leistungsfähigkeit und Gesundheit entwickeln möchte, kann sich mit seiner „inneren Uhr" beschäftigen. Menschen, Tiere und Pflanzen haben natürliche zeitliche Rhythmen implementiert, die unterschiedlichste Funktionen steuern. Das Erforschen dieser Zusammenhänge ist Gegenstand der *Chronobiologie*, der Lehre von zeitlichen Abläufen in Lebewesen. Für ein effektives Selbstmanagement ist die Chronobiologie von besonderem Interesse, weil das Wissen über die biologischen Abläufe im Körper ein gesünderes Leben und Arbeiten ermöglicht. Dabei muss unser Leben nicht vollständig darauf ausgerichtet sein; es bringt schon eine spürbare Verbesserung mit sich, wenn wir uns bemühen, unseren chronobiologischen Voraussetzungen im Alltag etwas besser gerecht zu werden.

Im Kreislauf der Natur

Anliegen der Chronobiologie ist es, die *inneren Uhren* von Lebewesen zu verstehen und zu beschreiben. Die inneren (endogenen) Zeitsysteme in Tier, Pflanze und Mensch haben unterschiedliche Frequenzen und sind teilweise von innen heraus gesteuert, folgen aber zum Teil auch äußeren (exogenen) Einflüssen. Die können wir manchmal ganz direkt spüren. So werden zum Beispiel im Winter, wenn wir zu wenig Licht bekommen, spezielle Hormone nicht in ausreichender Menge produziert. Die Folge: Winterdepression, auch „Novemberblues" genannt.

Im Prozess des Lebens wiederholen sich die Ereignisse kreislaufartig und rhythmisch. Die Jahreszeiten, die Mondphasen oder Ebbe und Flut sind Beispiele dafür. Von der Zellteilung über Atmung, Herzschlag und Verdauung bis hin zu bestimmten Verhaltensweisen folgen auch beim Menschen die Lebensereignisse mehr oder weniger festgelegten Mustern. Die Synchronisation der endogenen biologischen Rhythmen erfolgt durch bestimmte Reize wie Licht oder Temperatur. Sie fungieren als Zeitgeber und richten die körpereigenen Funktionskreisläufe immer wieder neu aus.

L. Baus, *Selbstmanagement: Die Arbeit ist ein ewiger Fluss,*
DOI 10.1007/978-3-658-09593-2_15

Abb. 1 Chronobiologie: Die Natur bestimmt unseren Rhythmus

Die chronobiologischen Rhythmen sind in verschiedene Längen unterteilt, von denen die *circadianen Rhythmen* (das sind jene, die ungefähr der Dauer eines Tages entsprechen) für den Menschen besonders interessant sind. Der Schlaf- und Wachrhythmus, Verdauung und Stoffwechsel, die tägliche Leistungskurve und viele andere Phänomene prägen unser Leben jeden Tag aufs Neue (Abb. 1).

Einen gesunden Lebensrhythmus finden

Das Wissen über die chronobiologischen Zusammenhänge hat für uns Menschen vor allem deswegen eine zunehmende Bedeutung, weil unsere Lebensweise oftmals nicht zu unserer biologischen inneren Uhr passt. Während unsere Vorfahren noch mit der Sonne aufstanden und zu Bett gingen, arbeiten wir heute zu allen möglichen Tages- und Nachtzeiten, nicht selten in unregelmäßigem Rhythmus (zum Beispiel bei wechselndem Schichtdienst) oder sogar rund um die Uhr (etwa beim Bereitschaftsdienst oder in bestimmten Serviceberufen).

Auch fehlen häufig Ruhephasen, in denen der Körper sich regenerieren kann. Orientierten sich die Aktivitäten und täglichen Aufgaben (ebenso wie die Ernährung) früher an den Jahreszeiten, so nehmen wir darauf heute keine Rücksicht mehr. Das hat Folgen für Mensch und Natur.

Es wäre natürlich interessant zu wissen, wo genau die innere Uhr sitzt und ob man auf ihren Lauf Einfluss nehmen kann. Doch dieses Rätsel ist wissenschaftlich noch nicht hundertprozentig gelöst, denn es gibt verschiedene Organe, die an den chronobiologischen Funktionen beteiligt sind. Man geht davon aus, dass selbst kleinste Zellen eingebaute „Uhrwerke" haben, die ihre Wachstumsprozesse und ihr Verhalten steuern. Ein großer Teil der Funktionen wird durch Licht und Temperatur beeinflusst.

Wir können einiges dafür tun, unsere innere Uhr in unserer Lebensweise mehr zu berücksichtigen. Einfluss nehmen wir vor allem über die drei Faktoren Ernährung, Bewegung und Schlaf. Für jede dieser Aktivitäten gibt es, chronobiologisch betrachtet, über den Tag verteilt gut geeignete Zeitpunkte. Halten wir uns daran, dankt unser Körper uns das mit Wohlbefinden. Je mehr wir in unserer Lebensgestaltung die chronobiologischen Bedürfnisse unseres Körpers ignorieren, desto stärker macht er uns darauf aufmerksam, dass etwas nicht stimmt: Missempfindungen und Funktionsstörungen, starke Müdigkeit, Konzentrationsprobleme oder gar Schmerzen sind ein klares Zeichen für verstellte innere Uhren oder eine Lebensweise gegen die innere Uhr.

Wie die innere Uhr uns steuert

Bei jedem Menschen spielen sich die chronobiologischen Prozesse täglich aufs Neue ab. Dabei können wir feststellen, dass einige körperliche Phänomene fast auf die Minute genau auftreten. Abbildung 2 zeigt einige Faktoren, die durch die circadiane Uhr gesteuert werden.

Kommt Ihnen etwas davon bekannt vor? Natürlich läuft die circadiane Uhr bei jedem Menschen etwas anders. Interessant ist, dass es Frühtypen gibt, sogenannte „Lerchen", bei denen die chronobiologischen Funktionen etwas früher einsetzen, und die „Eulen", die gern später aufstehen und entsprechend später zu Bett gehen. Es wird angenommen, dass diese Prägung genetisch bedingt und insofern nicht wirklich beeinflussbar ist.

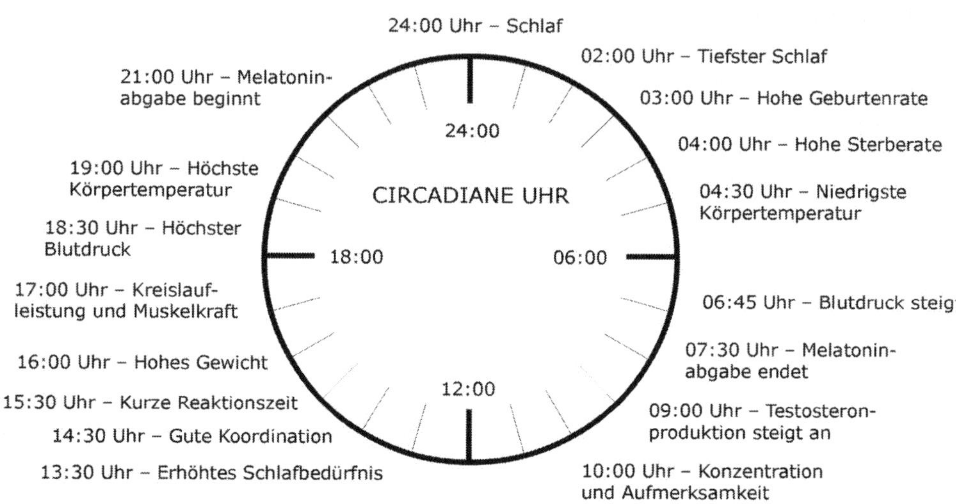

Abb. 2 Wie die innere Uhr uns steuert – Circadiane Uhr

Allerdings kann sich unsere innere Uhr an veränderte Bedingungen anpassen, wenn diese konstant bleiben. Das merken wir, wenn wir uns in den ersten Urlaubstagen fernab der heimatlichen Zeitzone akklimatisieren. Nach einer Übergangsphase hat der Körper sich auf die neuen Bedingungen eingestellt und die circadiane Uhr läuft wieder wie zuvor.

Problematisch ist es, wenn die Bedingungen sich andauernd verändern, zum Beispiel bei Piloten oder Geschäftsreisenden, die ständig zwischen verschiedenen Zeit- und Klimazonen hin und her fliegen. Dasselbe gilt für Menschen, die sehr unregelmäßig, teilweise bis in die Nacht hinein arbeiten. Hier stellen sich schnell Schlafstörungen, Energiemangel und Verdauungsprobleme ein. Auch Depressionen können die Folge eines chronischen Jetlags sein. Um das zu erleben, muss man allerdings nicht ins Flugzeug steigen. Durchgemachte Nächte, egal ob auf einer Party oder im Büro, haben einen ganz ähnlichen Effekt.

Letztlich bleibt es jedem selbst überlassen, seine innere Uhr in der Lebensführung mehr zu berücksichtigen. Jedes Engagement für ein Leben in Harmonie mit dem Körper ist eine gute Idee, und je mehr wir die natürlichen inneren Prozesse in unserem Alltag berücksichtigen, umso gesünder und leistungsfähiger werden wir.

Praxis: Leistungskurve und Arbeitsbelastung

Wenn Sie Ihre Aufgaben effektiv umsetzen wollen, ist es interessant zu wissen, zu welcher Tageszeit Sie am leistungsfähigsten sind. Unsere Leistungsfähigkeit variiert von Tag zu Tag und von Mensch zu Mensch. Die eine ist ein nachtaktiver, der andere ein tagaktiver Typ („Eulen“ und „Lerchen“). Mancher kann besser früh morgens arbeiten, andere am späten Nachmittag. Versuchen Sie für sich selbst herauszufinden, wie Ihre persönliche Leistungskurve über den Tag hinweg verläuft und in welchem Verhältnis sie zur Arbeitsbelastung steht:

1. Malen Sie zunächst Ihre persönliche Leistungskurve in die Tabelle, indem Sie erst Punkte einzeichnen und diese dann anschließend mit einer Linie verbinden. Die horizontale Achse der Matrix stellt die Tageszeit, die vertikale die Intensität dar. Der Wert 100 auf der vertikalen Linie entspricht einem Mittelwert. Das würde bedeuten, Sie fühlen sich durchschnittlich leistungsfähig. Ein Wert von 130 würde anzeigen, dass Sie zu diesem Zeitpunkt besonders wach, konzentrations- und leistungsfähig sind. Ein Wert von 80 dagegen deutet an, dass Sie sich eher müde und unkonzentriert fühlen.
2. Nun nehmen Sie eine andere Farbe (oder eine gestrichelte Linie) und verfahren ebenso für die Darstellung des Arbeitsaufkommens bzw. der Arbeitsbelastung. Auch hier entspricht der Wert 100 einer normalen, durchschnittlichen Arbeitsbelastung. Ein Wert von 120 zeigt eine hohe Arbeitsbelastung an, ein Wert von 70 eine eher niedrige.

Ihre Leistungskurve und die Kurve zur Arbeitsbelastung können Sie hier zeichnen:

130																			
120																			
110																			
100			M	I	T	T	E	L	W	E	R	T							
90																			
80																			
70																			
Uhr zeit	6	7	8	9	10	11	12	13	14	15	16	17	18	19	20	21	22	23	24

Schauen Sie sich nun Ihre beiden Kurven an: Wie verlaufen sie zueinander? Passt Ihre persönliche Leistungskurve gut zur anfallenden Arbeitsbelastung oder gibt es deutliche Kontraste zwischen den beiden Kurven (eine Abweichung um ein Feld ist in der Praxis kaum spürbar, zwei oder drei Felder dagegen schon)? Gibt es deutliche Phasen der Über- bzw. Unterforderung? Was können Sie ganz konkret tun, um das Verhältnis zu optimieren?

Für die Umsetzung wichtiger Aktivitäten ist es gut, die persönlichen Leistungsphasen zu kennen. So ist es sinnvoll, Aufgaben, die Konzentration erfordern, dann zu bearbeiten, wenn wir uns auch gut konzentrieren können, zum Beispiel zwischen 10:00 und 12:00 Uhr am Vormittag. Auch den Arbeitsbeginn kann man – soweit möglich – in eine Phase mit hoher Leistungsfähigkeit legen. Weniger wichtige Routinearbeiten können Sie in den Zeiten mit weniger Leistungspotenzial planen. Und wenn wir müde werden, sollten wir eine Pause einlegen oder uns Aufgaben widmen, die mit körperlicher Bewegung oder Kommunikation und Interaktion verbunden sind.

Eigenzeit erleben

Jeder Mensch ist anders

Jeder Mensch hat eine bestimmte Geschwindigkeit, eine *Eigenzeit*, in der er Dinge am besten tut. Der eine braucht etwas länger für eine Aufgabe, der andere ist schneller fertig, benötigt aber vielleicht eine längere Pause danach. Gewisse Aufgaben, Tätigkeiten oder Prozesse benötigen einfach ihre Zeit. Ein afrikanisches Sprichwort sagt dazu passend: „Das Gras wächst nicht schneller, wenn man daran zieht." Mit Eigenzeit ist hier nicht der naturwissenschaftliche Eigenzeitbegriff gemeint (die Zeit, die ein System benötigt, um nach einer Störung wieder in seinen ursprünglichen Rhythmus zurückzufinden). Es geht vielmehr um die individuelle Zeit, die ein Mensch für etwas braucht; die Zeit, die er sich nimmt, um nach seinen persönlichen Möglichkeiten zu entscheiden und zu handeln (Abb. 1).

Im Grunde sollte es heute viel leichter als früher möglich sein, das zu erleben. Wozu sonst wären all die „zeitsparenden" Alltagshilfen gut, wenn nicht dazu, Freiräume für mehr Eigenzeit zu schaffen? Paradoxerweise ist aber das Gegenteil der Fall: Die meisten Menschen beklagen sich über einen Mangel an selbstbestimmter Zeit und fühlen sich gehetzt und fremdgesteuert. „Anders als wir oft glauben, leiden wir nicht am schnellen Takt unserer Umgebung. Was uns vielmehr plagt, ist der Eindruck, dass wir das eigene Tempo nicht selbst in der Hand haben: Wir können nur noch schnell leben", beschreibt der Physiker und Autor Stefan Klein [28] das Dilemma.

Dabei liegt es in unserer Macht, den Fuß vom Gas zu nehmen. Denn in einem gewissen Rahmen können wir selbst darüber bestimmen, wie wir die Dinge tun, welche Alltagsgeschwindigkeit wir zulassen und wo wir Möglichkeiten für Eigenzeit schaffen. Das können kleine Momente zwischendurch sein: eine Tasse Tee, die wir in Ruhe und mit Achtsamkeit trinken, ein Moment des Innehaltens auf einer Bank im Park, ein entspanntes Gespräch mit einem interessanten Menschen. Kleine Rituale im Alltag helfen ebenfalls, Momente zu schaffen, in denen wir Eigenzeit erleben können: ein Entspannungsbad am Abend, ein

L. Baus, *Selbstmanagement: Die Arbeit ist ein ewiger Fluss*,
DOI 10.1007/978-3-658-09593-2_16

Abb. 1 Eigenzeit erleben

Spaziergang in der Mittagspause, ein Buch vor dem Schlafengehen. Eigenzeit können wir auch in der Arbeit erleben, wenn kein wichtiger und dringender Termin ansteht. Dann ist es möglich, sich auf seine Aufgaben ganz einzulassen, ohne ständig auf die Zeit zu achten.

Das richtige Tempo finden

Um Eigenzeit zu erleben ist es hilfreich, Aktivitäten nicht mit Blick auf die Uhr, sondern genau in dem Tempo durchzuführen, das angemessen erscheint. Nehmen wir als Beispiel ein einfaches Ritual, das Teetrinken: Gießen Sie sich in Ruhe einen Tee auf und trinken Sie diesen dann ganz bewusst. Nichts einfacher als das?

Versuchen Sie doch einmal, sich ganz dieser einen Tätigkeit zu widmen, anstatt sich nebenbei noch mit anderen Dingen zu beschäftigen. Sie warten entspannt neben dem Herd oder Wasserkocher, bis das Wasser ausreichend erhitzt ist, füllen den Teefilter achtsam mit Teeblättern oder nehmen in aller Ruhe einen Teebeutel zur Hand. Atmen Sie den Duft des noch trockenen Tees ein und nehmen Sie wahr, wie er sich weiter entfaltet, wenn Sie das heiße Wasser aufgießen. Bleiben Sie auch bei Ihrem Tee, während er zieht, und machen Sie in der Zwischenzeit nichts anderes. Wenn der Tee fertig gezogen hat, können Sie ihn ganz in Ruhe Schluck für Schluck genießen. Fällt Ihnen das schwer? Werden Sie dabei unruhig und denken an all die Dinge, die Sie in der Zwischenzeit erledigen könnten? Oder freuen Sie sich über diese wunderbare Gelegenheit zum Entspannen und Auftanken? So wie wir unseren Tee (oder Kaffee) trinken, gehen wir oft auch durch das Leben.

Das Besondere an Eigenzeit ist, dass sich das Zeiterleben komplett wandelt, wenn wir uns erlauben, die Dinge in der angemessenen Geschwindigkeit zu tun. Wir fühlen uns wieder mehr als Mensch. Das tut gut in einer weitgehend effizienzorientierten Gesellschaft. Hinzu kommt, dass es nicht immer der beste Weg ist, schnell zu handeln. Wer seine eigenen Möglichkeiten kennt, kann – wenn er die Dinge in Eigenzeit erledigt – besser vorankommen, als wenn er sich beeilt. Eigenzeit kann aber auch im Gegenteil bedeuten, dass jemand schneller ist als seine Umgebung. So ein Mensch fühlt sich durch das gemeinschaftliche Zeitdiktat ebenfalls eingeschränkt, denn ständig muss er auf andere warten. Da kann es befreiend sein, dem eigenen inneren Tempo einmal besser gerecht zu werden und zügigen Schrittes zu gehen.

Aufschieberei abstellen

Die meisten von uns kennen das sehr gut: Wir schieben unliebsame Aufgaben so lange vor uns her, bis es nicht mehr geht und wir sie schließlich doch erledigen müssen – oft unter Stress. Das hat Folgen in vielerlei Hinsicht. Zum einen verbraucht die Aufschieberei permanent Energie, weil die aufgeschobenen Dinge zwischendurch immer wieder unsere Aufmerksamkeit fordern und unser Unterbewusstsein beschäftigen. Das ist wie Autofahren mit angezogener Handbremse. Zum anderen kommen uns die lange aufgeschobenen Dinge oftmals als stressige „Feuerwehr"-Termine in die Quere, wenn wir eigentlich an anderen Dingen arbeiten wollen (Abb. 1).

Viele Menschen erleiden Nachteile, weil sie wichtige Aufgaben zu lange vor sich herschieben und sich stattdessen angenehmeren Beschäftigungen widmen. Darunter findet sich alles von Wohnungsputz bis zu engagierter Projektarbeit, nur nicht die eigentliche Aufgabe. Interessant ist, dass die Menschen ein erstaunliches Geschick dabei entwickeln, sich mit Stellvertretertätigkeiten abzulenken. Gerade durch das Aufgreifen leichterer Tätigkeiten kann sogar der Eindruck von Engagement entstehen.

Aufschieben hat aber nicht nur mit Bequemlichkeit zu tun, sondern ist auch eine psychologische Frage. Wir meiden die Dinge, die wir nicht mögen oder an denen uns etwas stört. Aber sie kommen zu uns zurück und beanspruchen unsere Zeit und Energie, bis wir uns ihnen endlich widmen. So gehen auch Freiräume verloren, die wir besser ausfüllen könnten.

Um Aufschieberei zu reduzieren, gibt es viele Möglichkeiten
Wenn Andere aufschieben:

- Zielvereinbarungen,
- Absprachen treffen,
- gute Kommunikation,
- Verlässlichkeit einfordern,

L. Baus, *Selbstmanagement: Die Arbeit ist ein ewiger Fluss*,
DOI 10.1007/978-3-658-09593-2_17

- Grundregeln der Zusammenarbeit,
- Workshops veranstalten,
- Motivation fördern,
- Aufgaben gemeinsam angehen.

Wenn Sie selbst aufschieben:

- gute Zeitplanung,
- eine andere Einstellung,
- innere Widerstände überwinden,
- besseres Selbstmanagement,
- Verträge mit sich selbst,
- Aufgaben in Abschnitte zerteilen,
- mehr Disziplin und Belohnung,
- Selbstmotivation.

Echtes und verdecktes Aufschieben

Während Aufschieben im klassischen Zeitmanagement als etwas Schlechtes galt, wird das heute nicht mehr so streng gesehen. Ob eine aufgeschobene Aufgabe zum Problem wird, hat vor allem damit zu tun, wie wichtig sie ist. Handelt es sich tatsächlich um eine wichtige Sache, entstehen durch das Aufschieben meist Schwierigkeiten. Werden hin-

Abb. 1 Aufschieberei kann Folgen haben

gegen unwichtige Dinge aufgeschoben, hat das in der Regel keine nennenswerten Folgen. Oft erledigen sie sich sogar von selbst. Man kann also ganz gezielt gewisse Dinge unbearbeitet lassen, vorausgesetzt, die Priorität wurde zuvor geprüft. Dies ist gerade vor dem Hintergrund entlastend, dass viele Menschen heute unter einem extrem hohen Workload leiden. Allerdings empfiehlt sich ein genaues Hinsehen, um späteren Stress zu vermeiden.

Echtes Aufschieben ist bewusstes Aufschieben. Hier ist es notwendig, sich über die Ursachen Gedanken zu machen und zunächst diese zu klären. Typische Gründe für echtes Aufschieben sind

- Überforderung,
- Konflikte,
- Ängste vor der Aufgabe oder deren Folgen,
- mangelnde Entscheidungsfähigkeit,
- Versagensängste oder
- Bequemlichkeit.

Sich einer anderen Tätigkeit zu widmen, obwohl etwas Wichtigeres erledigt werden müsste, wird dagegen als *verdecktes Aufschieben* bezeichnet. Das kann verschiedene Ursachen haben:

- Aufschieben durch falsches Priorisieren,
- Aufschieben durch Anstreben des Optimalzustands,
- Aufschieben durch mangelnde Übersicht oder
- Aufschieben von Lernprozessen.

Wir vergeben manchmal fälschlicherweise hohe Prioritäten für angenehme Aufgaben und machen uns dabei vor, das Richtige zu tun. Auch die Vorstellung, es wäre noch nicht der richtige Zeitpunkt (morgen oder nächste Woche aber stünden die Zeichen günstig, dann wäre sicher eine optimale Erledigung der Aufgabe möglich), verhilft uns dazu, wichtige Dinge auf die lange Bank zu schieben.

Und wenn Sie im operativen Tagesgeschäft den Überblick verlieren, neigen Sie wahrscheinlich auch dazu, weniger angenehme oder komplex wirkende Aufgaben zu verdrängen, ohne sich ihrer Wichtigkeit bewusst zu werden. Wenn dann doch irgendwann der Termin ansteht, drängt sich die aufgeschobene Pflicht wieder akut in den Tagesablauf.

Ein wichtiger Aspekt, der oft außer Acht gelassen wird, ist das Aufschieben von notwendigen Lernprozessen. Lebenslanges Lernen ist heute zwar in aller Munde, vielfach aber nur ein Lippenbekenntnis. Wenn Sie mit stumpfen oder falschen Werkzeugen arbeiten, kommen Sie schlechter voran, Sie können sich sogar verletzen. Schieben Sie also die Pflege Ihrer Werkzeuge nicht auf und bilden Sie sich regelmäßig weiter. So bleiben Sie den sich ständig verändernden Anforderungen besser gewachsen.

Praxis: Verdecktes Aufschieben

Wir sind geschickt und kreativ im Aufschieben, wenn es um unangenehme Aufgaben geht. Überlegen Sie einmal, welche Ersatzbeschäftigungen (etwa Aufräumen, Telefonieren, im Internet surfen) Sie sich suchen, um eigentlich wichtige, aber ungeliebte Aufgaben nicht machen zu müssen. Welche Aufgaben werden dadurch aufgeschoben?

	Ersatzbeschäftigungen	Aufgeschobene Aufgabe
Aufgabe		
Beziehungen		
Körper		
Ausgleich		
Sinn		

Teil V

Wie verbessere ich mein Selbstmanagement?

„Nein“ sagen und Grenzen setzen

Wer seine Aufmerksamkeit auf die wichtigen Dinge richten möchte, darf sich von Ablenkungen nicht stören lassen. Daher ist es in bestimmten Situationen wichtig, sich abzugrenzen und „Nein“ zu sagen. Dies ist auch Ausdruck eines guten Selbstmanagements.

Nein-Sagen fällt vielen Menschen schwer. Dahinter steht meistens die Angst, abgelehnt oder weniger gemocht zu werden, den anderen zu enttäuschen. Aber auch Befürchtungen, man wirke weniger leistungs- oder hilfsbereit, können das Nein-Sagen erschweren. Dabei ist das Setzen von Grenzen etwas durchaus Konstruktives und aus psychologischer Sicht Gesundes. Denn viele Probleme entstehen gerade, weil es den Menschen nicht gelingt, sich gegen die ständigen Einflüsse und Ablenkungen von außen zu schützen.

Im privaten und beruflichen Kontext erfüllt das Nein-Sagen eine sehr wichtige Funktion. Denn es bedeutet im Grunde ein „Ja“ zu wichtigeren Dingen oder Aufgaben. Wer sich nicht abgrenzen kann, wird in der ständig wachsenden Arbeitslast den Blick für das Wesentliche verlieren. Das kann nicht nur dramatische Folgen für die Umgebung, sondern auch für das eigene Wohlbefinden und die Karriere haben.

Insofern ist es also sinnvoll und notwendig, das wir in der Lage sind, uns hin und wieder durch ein klares „Nein“ zu verwahren. Dabei ist es wichtig, dass dieses Nein weder defensiv noch aggressiv, sondern selbstverständlich und professionell zum Ausdruck kommt (Abb.1).

Praxis: Nein-Sagen mit der Sandwich-Methode

Eine Methode, die uns beim Nein-Sagen unterstützen kann, ist die *Sandwich-Methode*. Sie hilft uns, auf eine Art und Weise Nein zu sagen, dass unser Gegenüber sich respektiert und angenommen fühlt, obwohl wir uns inhaltlich abgrenzen. Erreicht wird dies durch das Agieren auf zwei Interaktionsebenen, der Sach- und der Beziehungsebene.

Bevor und nachdem wir auf der Sachebene ein Nein kommunizieren, bauen wir einen positiven Beziehungskontakt auf. So wird das gewissermaßen schwerer verdauliche Nein

L. Baus, *Selbstmanagement: Die Arbeit ist ein ewiger Fluss*,
DOI 10.1007/978-3-658-09593-2_18

Abb. 1 „Nein" sagen und Grenzen setzen

wie bei einem Sandwich zwischen zwei Scheiben Brot gepackt (die beiden positiven Beziehungskontakte) und ist auf diese Weise einfach „appetitlicher" und besser anzunehmen. Zudem ist es auch respektvoller und höflicher, sich in dieser Form abzugrenzen, als gleich mit der Tür ins Haus zu fallen.

Konkret funktioniert das Nein-Sagen mit der Sandwich-Methode so:

1. *Verständnis äußern*: „Ich verstehe Ihre Situation…"
2. *Hilfsbereitschaft signalisieren*: „… und würde Sie auch gern unterstützen…"
3. *Nein-Sagen*: „… kann es (schaffe es) aber beim besten Willen nicht,…"
4. *Bedauern zeigen*: „… so leid es mir tut."

Auf diese Weise können beide Gesprächspartner ihr Gesicht wahren und zugleich wird höflich, aber bestimmt „Nein" gesagt. Sollte Ihr Gegenüber trotzdem nicht darauf eingehen oder als Vorgesetzter oder Kunde auf seinem Anliegen bestehen, hilft

5. *Verhandeln*: „Wenn Sie allerdings darauf bestehen, möchte ich Sie darauf aufmerksam machen, dass in diesem Fall XY liegen bleibt (nicht erledigt werden kann). Sind Sie damit einverstanden?"

So wird der anderen Seite deutlich gemacht, dass auch sie eine gewisse Verantwortung für die Situation trägt.

Praxis: Besser delegieren
Ein hilfreiches Element, um den Workload im Arbeitsalltag zu reduzieren, ist das Delegieren. Dabei geht es nicht darum, einfach alles abzugeben, das einem gerade nicht passt, sondern die anstehenden Aufgaben möglichst so zu verteilen, dass alle Beteiligten entsprechend ihren Fähigkeiten und Kompetenzen sinnvoll beschäftigt werden. Das Delegieren übt also eine konstruktive Funktion aus. Überlegen Sie sich einmal, wie Sie zukünftig besser delegieren können. Beantworten Sie dazu die folgenden Fragen:

- Was hindert mich persönlich daran, Aufgaben abzugeben – Perfektionismus, Kontrollbedürfnis, bestimmte Werte oder Normen oder etwas anderes? Wie könnte ich diese Hindernisse ablegen oder überwinden?
- Welche Gewohnheiten (eingefahrene Muster, Routinen oder Arbeitsprozesse) hindern mich daran, Aufgaben sinnvoll zu delegieren? Was könnte ich tun, um diesen Verhaltensmustern entgegenzuwirken?
- An wen (welche Person, welches Team, welche Gruppe, welche Abteilung) könnte ich was delegieren?
- Wie ist die Unternehmenskultur bei uns, lässt sie ein Delegieren auch zu? Oder haben wir eher eine „Selbermachenkultur“, bei der es zum guten Ton gehört, ständig beschäftigt zu sein? Was könnte man daran ggf. ändern?
- Droht mit dem Delegieren möglicherweise auch ein Verlust von Status, Ansehen oder Prestige? Was bedeutet das für mich? Wie kann ich damit umgehen?
- Gibt es wirklich niemanden, an den ich delegieren kann? Auch wenn ich alle Strukturen, Prozesse, Ressourcen und Befugnisse geprüft habe?
- Gibt es stattdessen vielleicht die Möglichkeit des „Aufgabentauschs“, damit ich wenigstens mehr Abwechslung im Tagesgeschäft erlebe?
- Wenn ich absolut nicht delegieren kann (oder will): Welche Fristen kann ich im Falle einer Überlastung eskalieren lassen, welche Aufgaben dürfen zur Not unerledigt bleiben? Wie stehe ich überhaupt dazu?

Richtig Entscheiden

> An irgendeinem Punkt muss man den Sprung ins Ungewisse wagen. Erstens, weil selbst die richtige Entscheidung falsch ist, wenn sie zu spät erfolgt. Zweitens, weil es in den meisten Fällen so etwas wie eine Gewissheit gar nicht gibt.
> Lee Iacocca

Zu einem erfolgreichen Selbstmanagement gehört die Fähigkeit, gute Entscheidungen zu treffen. Da wir im Vorfeld nicht immer wissen können, ob eine Entscheidung *richtig* ist – dies zeigt sich ja erst im Nachhinein –, bleibt uns nur, zumindest den Prozess der Entscheidung zu gut wie möglich durchzuführen, also unter den gegebenen Bedingungen bestmöglich zu entscheiden.

Im Laufe unseres Lebens treffen wir unzählige Entscheidungen. Manche davon sind bedeutsam und folgenreich, andere eher unwichtig. Einige fällen wir nach langen Überlegungen (zum Beispiel welchen Beruf wir erlernen, ob wir heiraten oder ein Haus bauen wollen), viele aber auch spontan und eher beiläufig (etwa welche Schuhe wir anziehen oder was wir an diesem Tag zum Abendbrot essen).

Die häufigsten Fehler bei Entscheidungen entstehen, weil wir uns nicht genug Zeit nehmen und unreflektiert handeln:

- Wir schieben eine Entscheidung auf und müssen sie später dann unter Zeitdruck treffen.
- Eine Entscheidung wird zu schnell gefällt, ist nicht gereift.
- Eine folgenreiche Entscheidung beruht lediglich auf dem Gefühl.
- Das Gefühl wird bei einer wichtigen Entscheidung zugunsten der Ratio vernachlässigt.
- Es wird nicht nach Wichtigkeit, sondern nach Dringlichkeit entschieden.
- Für eine unwichtige Entscheidung wird zu viel Aufwand betrieben.
- Wir entscheiden lieber über Dinge, die uns leicht fallen, treffen aber nicht die tatsächlich notwendigen Entscheidungen.

L. Baus, *Selbstmanagement: Die Arbeit ist ein ewiger Fluss*,
DOI 10.1007/978-3-658-09593-2_19

- Wir haben einer Entscheidungstechnik vertraut, ohne den gesunden Menschenverstand zu berücksichtigen.
- Wir haben unreflektiert einen Expertenrat umgesetzt.
- Wir haben uns bei der Entscheidung manipulieren lassen.

Mit zunehmender Lebenserfahrung bekommen wir ein Gespür dafür, ob es sich um eine wichtige Entscheidung handelt, die wir bei vollem Bewusstsein und sehr sorgfältig treffen sollten, oder ob wir es mit einer Kleinigkeit zu tun haben.

Was ist eine gute Entscheidung?

Beim Treffen von Entscheidungen geht es um die Wahl zwischen mehreren Handlungsoptionen oder thematischen Alternativen. Gibt es nur eine Option, geht es um die Entscheidung, ob diese wahrgenommen wird oder nicht. Der Sinn einer Entscheidung liegt darin, unklare Zustände zu klären oder eine Auswahl zu treffen. Die Entscheidung *für* eine bestimmte Möglichkeit beinhaltet in der Regel auch eine Entscheidung *gegen* die anderen. Zur Entscheidungskompetenz gehört daher auch die Fähigkeit, sich abzugrenzen und „Nein" zu sagen.

Gleichzeitig bedeutet die Entscheidung auch eine Festlegung, zur der man steht. Dabei gibt es keine Garantien oder Sicherheiten für die richtige Entscheidung. Gerade dieser Aspekt macht es vielen Menschen schwer, eine Wahl zu treffen. Sie scheuen die Verantwortung: „Bekomme ich das Richtige? Wähle ich die beste Option? Was passiert, wenn es eine Fehlentscheidung war? (Abb. 1)"

Abb. 1 Was ist eine gute Entscheidung?

Ganzheitlich betrachtet besteht der Mensch aus Körper, Seele und Geist. Unsere Existenz realisiert sich also im Denken, Handeln und Fühlen. Eine Entscheidung ist demnach dann gut getroffen, wenn sich auf allen drei Ebenen Stimmigkeit ergibt. Insofern sollte der Entscheidungsfindungsprozess auch ganzheitlich ablaufen, die zu treffende Entscheidung muss gefühlsmäßig stimmig, rational abgewogen und gut umsetzbar sein (Abb. 2).

Gute Entscheidungen treffen wir aus einer inneren Haltung heraus, nicht aus einem Moment. Wer regelmäßig wichtige Entscheidungen trifft, tut gut daran, sich mit seinen Werten und Zielen auseinanderzusetzen. Sind die im Kopf klar und innerlich bewusst, treffen sich konkrete Entscheidungen leichter.

Wie treffen wir Entscheidungen?

Entscheidungen können spontan und gefühlsmäßig getroffen werden oder Ergebnis eines rationalen Abwägungsprozesses sein. Bei wichtigen Entscheidungen empfehlen sich beide Vorgehensweisen: Legen sie die gleiche Entscheidung nahe, ist es eine gute. Wenn nicht, sollte die Wahl noch einmal reflektiert werden. Dabei gibt es aber keine Garantie auf eine richtige Entscheidung. Wer absolute Sicherheit sucht, wird Probleme bekommen, sich zu entscheiden.

Abb. 2 Ganzheitlich entscheiden mit Körper, Seele und Geist

Bei Entscheidungen nehmen wir ein gewisses Risiko in Kauf. Das ist bei kleinen, alltäglichen Entscheidungen kein Problem, denn die Auswirkungen einer möglichen Fehlentscheidung sind gering. Aber wenn von der Entscheidung andere Personen betroffen sind oder die Wahl auf andere Weise eine hohe Verantwortung mit sich bringt, steigt der Druck und es ist umso wichtiger, die bestmögliche Entscheidung zu treffen. Dies kann nur nach bestem Wissen und Gewissen geschehen, nach sorgfältiger Überprüfung der vorhandenen Informationen und auch der eigenen Intuition. Eine gute Entscheidung wird also immer ganzheitlich getroffen, mit „Herz, Gefühl und Verstand".

Vielfach ist es aber gar nicht notwendig, anhand eines aufwendigen Gedankenprozesses die absolut beste Wahl zu treffen, sondern es reicht völlig, mit einem vertretbaren Aufwand eine akzeptable Lösung zu finden. Das gilt vor allem für die vielen kleinen alltäglichen Entscheidungen.

Fehlentscheidungen führen zu Problemen und verursachen Stress. Wer andererseits unter Stress oder Zeitdruck steht, trifft leicht falsche Entscheidungen. Manche lassen sich auch von der Dramatik einer Situation hinreißen und entscheiden und handeln dann vollkommen unüberlegt. Gute Entscheidungen trifft man aber aus einer Position der Ruhe und Bedachtsamkeit, nicht auf die Schnelle. Mehr noch, je größer der Druck ist, umso wichtiger ist es, zumindest für einen kurzen Moment Abstand zu gewinnen, sich ein Bild von der Situation zu machen und dann gezielt und mit Überzeugung die richtige Option zu wählen.

Wann brauche ich Entscheidungstechniken?

Entscheidungstechniken sind nicht als Alternative, sondern als Ergänzung zur gefühlsmäßigen Entscheidung sinnvoll. Rationale Entscheidungstechniken bauen vor allem auf die analytische Fähigkeit des Menschen. Sie ermöglichen es, eine komplexe Entscheidungssituation transparent zu machen und die vielen Einflussfaktoren zu erkennen, die auf eine Entscheidung einwirken. Sie machen es leichter, die Entscheidung in ihrer Gesamtheit zu verstehen und auch anderen gegenüber darzustellen. Der zusätzliche Einsatz von Entscheidungstechniken ist vor allem dann empfehlenswert, wenn die Situation kompliziert oder komplex und die erwartete Entscheidung folgenreich ist. Das gilt für private Entscheidungen ebenso wie für berufliche.

Drei Stufen der Entscheidungsfindung

Es gibt ein einfaches, dreistufiges Entscheidungsverfahren, das Entscheidungen nach bestem Wissen und Gewissen ermöglicht. Es ist gut zu merken und gewährleistet, dass man sich etwas Zeit für die Entscheidung nimmt und diese im Vorfeld ganzheitlich reflektiert:

1. Abstand schaffen: Pause oder Entspannungsübung.
2. Gefühl befragen: Was sagt das spontane Bauchgefühl, die Intuition?
3. Methode einsetzen: Informationen logisch prüfen und analysieren.

Wenn Gefühl und Methode das gleiche Ergebnis hervorbringen, steht einer guten Entscheidung nichts mehr im Wege. Widersprechen sie sich, ist das ein Warnsignal und die Entscheidung sollte noch einmal reflektiert werden, bis Stimmigkeit entsteht. Machen Sie sich auch bewusst, dass jede Entscheidung einen Preis hat. Den sollten Sie kennen.

Wenn Sie sich an diese Vorgehensweise halten, stellen Sie sicher, dass Sie Ihre Entscheidung ganzheitlich, das heißt unter Berücksichtigung aller rationalen und emotionalen Aspekte treffen. Wichtig ist, dass Sie Ihre Intuition *vor* der rationalen Überlegung befragen. Bei umgekehrter Vorgehensweise wäre sie bereits durch logische Argumente beeinflusst.

Intuition als Ratgeber

In manchen Situationen haben wir nicht genügend Zeit, lange über eine Entscheidung nachzudenken, sondern treffen unsere Wahl nach einem spontanen Gefühl. In diesen Fällen verlassen wir uns auf einen natürlichen Mechanismus: die Intuition, im Volksmund „Bauchgefühl" genannt.

Unsere Intuition basiert im Wesentlichen auf unseren individuellen Erfahrungen und dem verinnerlichten Wissen. Mithilfe des Unterbewusstseins und komplexer innerer Nervensysteme ist sie in der Lage, diese Erfahrungen in physische Empfindungen zu übersetzen. Einfach gesprochen: Wenn etwas gut für uns ist, werden wir in der Regel auch spontan ein gutes Gefühl damit haben. Ist das innere Empfinden unklar oder spüren wir sogar Abwehr, stimmt etwas nicht und eine Option oder Situation sollte genauer geprüft werden. Gerade für persönliche Entscheidungen ist sie daher auch ein guter Ratgeber.

Der Mensch verfügt über Wissen und Erfahrungen in einem wesentlich größeren Umfang, als ihm bewusst ist. Dieses gesammelte Wissen, eine Art innerer Enzyklopädie, wird *implizites Wissen* genannt. Während rationale Entscheidungstechniken vor allem das logisch darstellbare *explizite Wissen* gebrauchen, bleibt das für Entscheidungen so wichtige implizite Erfahrungswissen häufig ungenutzt. Wie kommen wir nun an diesen Wissensschatz heran, wie können wir ihn nutzen, um gute Entscheidungen zu treffen? Indem wir auf unsere Intuition, unser spontanes Bauchgefühl vertrauen. Denn die Intuition kann, weil sie auch unterbewusste Prozesse nutzt, auf unser implizites Wissen zugreifen. Das macht sie zu einem so guten Ratgeber.

Drei einfache Entscheidungstechniken

Der Sinn einer Entscheidungstechnik liegt nicht darin, uns die Entscheidung abzunehmen, sondern ergänzend zur Intuition eine Hilfestellung bei der Entscheidungsfindung zu sein. Viele Entscheidungstechniken ähneln sich in ihren Grundzügen. Es gibt einige in der Anwendung recht komplizierte Methoden. Die wenigsten Menschen aber werden in einer Entscheidungssituation erst einmal nachlesen wollen, wie eine aufwendige Technik funktioniert. Daher wollen wir uns hier auf drei simple Methoden konzentrieren, die sich als effektiv und praxisgerecht erwiesen haben. Sie sind leicht zu merken, auch ohne Handbuch einsetzbar, und sie leisten nicht weniger als andere, teils wesentlich aufwendigere Verfahren:

- die Kriterienliste,
- die Plus/Minus/Interessant-Methode und
- die Entscheidungsmatrix.

Denken Sie beim Einsatz einer Entscheidungstechnik daran, dass sie nicht den gesunden Menschenverstand ersetzen kann. Daher ist es wichtig, vor dem Einsatz einer Entscheidungstechnik zunächst etwas Abstand zu der Entscheidungssituation herzustellen, Ihre Intuition zu prüfen und erst dann eine Methode einzusetzen. So stellen Sie sicher, dass Sie Ihre Entscheidung ganzheitlich treffen, unter Berücksichtigung des Gefühls und der Logik.

Eine Kriterienliste erstellen
Wenn die Entscheidungsfrage klar formuliert ist, kann zunächst einmal eine einfache Kriterienliste erstellt werden. Dazu schreiben Sie alle Punkte auf, die Ihnen in Bezug auf die anstehende Entscheidung wichtig erscheinen. Sinn dieser Methode ist es, möglichst alle relevanten Einflussfaktoren für eine Entscheidung zu sammeln. Je besser Sie sich mit dem Entscheidungsthema auskennen, desto umfangreicher und detaillierter wird Ihre Liste ausfallen. Um die wichtigsten Kriterien für eine Entscheidung herauszufinden, können Sie sich zu Beginn einige Fragen zu Ihrer Entscheidung stellen.

Als Beispiel dient hier der anstehende Kauf einer Fotokamera:

- Was will ich fotografieren (Landschaft, Portrait, Reise, Sport, Familie, Tiere etc.)?
- Welchen Anspruch habe ich (Profi, Amateur, Gelegenheitsfotograf etc.)?
- Wie groß und schwer darf die Kamera sein? (DSLR, DSLM, Kompaktkamera etc.)
- Welche Qualitätsansprüche stelle ich (Auflösung, Schärfe, Dynamik etc.)?
- Welche Verwendungszwecke habe ich (Internet, Poster, Fotobücher etc.)?
- Wie flexibel möchte ich sein (fest eingebautes Objektiv, Wechselobjektive etc.)?
- Habe ich schon ein bestehendes System (soll es kompatibel sein)?
- Wie hoch ist mein Budget? (weniger als 200 €, weniger als 500 €, weniger als 1000 € etc.)?

Das Klären dieser Fragen kann zum Beispiel zu folgender Kriterienliste führen:

- Die Kamera soll mich auf Reisen begleiten und für gelegentliche Familienfotos geeignet sein.
- Ich bin Amateur, aber die Qualität meiner Fotos ist mir schon auch wichtig.
- Ich stelle mir eine leichte, kompakte Kamera vor, die ich problemlos dabei haben kann.
- Die Bildqualität sollte auf jeden Fall für ein Fotobuch reichen.
- Es sollte ein guter Zoom in die Kamera eingebaut sein.
- Ich möchte maximal 500 € ausgeben.

Mit dieser Kriterienliste können Sie nun das bestehende Angebot an Kameras daraufhin prüfen, welches Modell am ehesten zu Ihnen passt.

PMI – die Plus/Minus/Interessant-Methode

Bei dieser Entscheidungstechnik handelt es sich um eine Art erweitertes Pro/Contra-Verfahren. Das von Edward de Bono [12] entwickelte PMI kann hilfreich sein, wenn wir eine einzige Entscheidungsoption bewerten möchten, zum Beispiel ob wir uns einen neuen Job suchen, ein Haus bauen oder auswandern sollen. Anstatt aber wie beim Pro/Contra-Verfahren die Bewertung der Entscheidungssituation auf zwei Perspektiven (nämlich Pro und Contra) zu beschränken, wird das Verfahren beim PMI um eine dritte Kategorie (Interessant) erweitert. So erhalten wir die Möglichkeit, das Entscheidungsthema ganzheitlicher und umfassender zu beleuchten. Der Grund liegt darin, dass es oft nicht nur positive oder negative Aspekte eines Themas gibt, sondern auch solche, die weder eindeutig positiv noch eindeutig negativ, aber bei der Entscheidung trotzdem zu bedenken sind.

Ein PMI lässt sich ganz einfach anfertigen. Nachdem Sie Ihr Entscheidungsthema klar definiert haben, sammeln Sie alle positiven, negativen und interessanten Aspekte der Entscheidung, die Ihnen einfallen. Hier ein kurzes Beispiel:

Soll ich in den Süden auswandern?		
Plus	Minus	Interessant
Neue Erfahrungen	Weniger Gehalt	Andere Sprache lernen
Bessere berufliche Möglichkeiten	Sehe Freunde und Familie seltener	Medizinische Versorgung
Andere Kultur kennenlernen	Muss meine Wohnung aufgeben	Klima
Neue Kontakte	Umzug	Essen
Weiterentwicklung		Sitten und Gebräuche
Entspannter Lebensstil		

Je mehr Sie über die einzelnen Aspekte wissen, desto realistischer können Sie die Entscheidung einschätzen. Nicht alle diese Punkte sind jedoch gleich wichtig. Sie können die Bedeutung einzelner Aspekte kennzeichnen, indem Sie ihnen Zahlenwerte (etwa von eins bis zehn, wobei zehn die höchste Wichtigkeit beschreibt) zuordnen und Ihr PMI dadurch gewichten. Für einen wichtigen Aspekt können Sie dann zum Beispiel acht Punkte, für einen weniger wichtigen drei Punkte vergeben. Zum Schluss können Sie in der Plus- und Minus-Kategorie die Punktzahlen addieren. Die Spalte mit der höchsten Summe an Punkten wäre dann ein Hinweis, wie die Entscheidung ausfallen könnte.

Aber das Ergebnis kann auch in die Irre führen, denn die tatsächliche Bedeutung einzelner Faktoren lässt sich nicht ohne Weiteres in Zahlen ausdrücken. Letztlich ist das PMI-Verfahren auch nicht dazu gedacht, Ihre Entscheidung zu berechnen, sondern soll vielmehr die Abwägung der einzelnen Argumente in eine strukturierte Form bringen und Sie somit beim Treffen der Entscheidung unterstützen.

Eine Entscheidungsmatrix einsetzen

Die Entscheidungsmatrix kann uns helfen, wenn es darum geht, sich zwischen mehreren Entscheidungsoptionen festzulegen. Sie bietet die Möglichkeit, die jeweiligen Optionen gegenüberzustellen und an den im Voraus definierten Entscheidungskriterien zu messen. So lassen sich die Optionen vergleichen und diejenige herausfinden, welche die Kriterien am besten erfüllt. Wie stark ein bestimmtes Kriterium bei einer Option erfüllt wird, ist häufig schwer objektiv zu beurteilen. Daher ist es wichtig, sich bewusst zu machen, dass diese Methode, auch wenn sie auf den ersten Blick nicht so wirkt, letztlich doch wie jede andere subjektiv geprägt ist. Trotzdem kann sie uns bei der Entscheidungsfindung unterstützen, da sie sehr übersichtlich die verschiedenen Optionen gegenüberstellt und die Bewertung nachvollziehbarer macht.

Eine Entscheidungsmatrix können Sie ganz einfach durchführen. Zunächst müssen Sie dafür Ihr Entscheidungsthema definieren und eine Kriterienliste schreiben. Dann legen Sie eine Tabelle an, in der die betreffenden Entscheidungsoptionen gegenübergestellt werden und an den Kriterien gemessen werden können. Schließlich bewerten Sie für jede Option, wie sehr sie die jeweiligen Kriterien erfüllt. Dafür können Sie wieder Punkte von eins bis zehn vergeben. Abschließend addieren Sie die Punktzahlen der Optionen. Die Option mit dem höchsten Ergebnis ist der Sieger. Hier ein Beispiel:

Wie kann ich in Zukunft umweltfreundlicher Auto fahren?

		Option 1 Neues Auto kaufen		Option 2 Altes Auto behalten		Option 3 Carsharing nutzen
Kriterien		Erfüllung		Erfüllung		Erfüllung
Mobilität		7		7		4
Kosten		4		8		6
Flexibilität		8		8		3
Umwelt		9		3		8
Aufwand		6		5		2
Summe		*34*		*31*		*23*

Wenn Sie möchten, können Sie Ihre Entscheidungsmatrix auch gewichten. Das kann hilfreich sein, um zu einer aussagekräftigeren Bewertung zu gelangen. Dafür müssen Sie festlegen, mit wie viel Prozent das jeweilige Kriterium in das Gesamtergebnis einfließt (die Summe darf nicht mehr als 100 % betragen). Anschließend multiplizieren Sie den Erfüllungsgrad (die Punktzahl) der Optionen mit der Prozentzahl der jeweiligen Kriterien und addieren die Ergebnisse. Auch hier weist die attraktivste Option die höchste Zahl auf. In einigen Fällen kann es passieren, dass sich durch das Gewichten ein anderer Gewinner herausstellt, da die Bewertung differenzierter vorgenommen wurde. Die gewichtete Entscheidungsmatrix sieht so aus:

Wie kann ich in Zukunft umweltfreundlicher Auto fahren?							
		Option 1 Neues Auto kaufen		Option 2 Altes Auto behalten		Option 3 Car-sharing nutzen	
Kriterien	Gewicht (%)	Erfüllung	Gewicht x Erfüllung	Erfüllung	Gewicht x Erfüllung	Erfüllung	Gewicht x Erfüllung
Mobilität	35	7	2,45	7	2,45	4	1,4
Kosten	20	4	0,8	8	1,6	6	1,2
Flexibilität	15	8	1,2	8	1,2	3	0,45
Umwelt	20	9	1,8	3	0,6	8	1,6
Aufwand	10	6	0,6	5	0,5	2	0,2
Summe	100	34	*6,85*	31	*6,35*	23	*4,85*

Praxis: Drei Stufen der Entscheidungsfindung

Wenn Sie eine persönliche oder berufliche Entscheidung treffen möchten und dabei sichergehen wollen, dass Sie nach bestem Wissen und Gewissen entscheiden, können Sie das dreistufige Entscheidungsverfahren einsetzen, über das Sie in den vorhergehenden Abschnitten viel erfahren haben.

Zu Beginn dieses Verfahrens ist es notwendig, die Entscheidungsfrage eindeutig zu definieren, zum Beispiel:

- „Soll ich zur Miete wohnen oder lieber Eigentum schaffen?"
- „Wollen wir uns einen Hund zulegen?"
- „Möchte ich meinen Ruhestand im Ausland verbringen?"

Wenn die Entscheidungsfrage geklärt ist, können Sie die drei Stufen der Entscheidungsfindung durchgehen:

1. Abstand schaffen – zum Beispiel durch eine kurze Meditation, einen kleinen Spaziergang oder eine Kaffeepause.
2. Gefühl befragen: Was sagt Ihnen Ihr spontanes Bauchgefühl, Ihre Intuition? Schreiben Sie es auf!
3. Methode einsetzen: Suchen Sie sich eine passende Methode heraus (zum Beispiel eine Kriterienliste, ein PMI oder eine Entscheidungsmatrix) und durchdenken Sie die Entscheidung strukturiert. Auch ein Mindmap kann helfen, die verschiedenen Aspekte der Entscheidung zu beleuchten.

Zu welchem Ergebnis kommen Sie? Stimmen Gefühl und Methode überein? Wenn nicht, dann ist die Entscheidung noch nicht reif. Vielleicht fehlt Ihnen noch eine wichtige Information oder Sie haben nicht alle Kriterien berücksichtigt. Es kann aber auch sein, dass

Sie gute Gründe haben, die Entscheidung nicht zu fällen, sich dessen aber (noch) nicht bewusst sind. Eine Entscheidung gegen das Gefühl zu treffen, bringt meistens Probleme mit sich. Wenn aber Gefühl und Methode in die gleiche Richtung weisen, spricht nichts dagegen, die Entscheidung in diesem Sinne zu treffen. Wie würden Sie nun Ihre Entscheidung fällen?

Wie entscheidet man unter Zeitdruck?
Nicht immer verfügen wir über ausreichend Zeit, um eine Entscheidung in aller Ruhe zu überdenken. Gerade im Unternehmensalltag sind wir manchmal gezwungen, schnell zu entscheiden. Die Risiken einer schnellen Entscheidung sind nicht unbedeutend:

- Die Entscheidung ist unreflektiert.
- Mögliche Alternativen wurden übersehen.
- Die Entscheidung wird aus einer akuten Stimmung heraus getroffen.
- Es wird aus der Defensive entschieden.

Das beste Gegenmittel besteht darin, sich gerade bei wichtigen Entscheidungen nicht unter Zeitdruck setzen zu lassen. Dem kann man vorbeugen, indem man wichtige Entscheidungen nicht aufschiebt, sondern sich rechtzeitig damit beschäftigt. Auch unter Zeitdruck gelten die drei Stufen der Entscheidungsfindung:

1. Abstand schaffen – egal, wie wenig Zeit zur Verfügung steht;
2. Gefühl befragen;
3. eine einfache Methode einsetzen, zum Beispiel das Pro/Contra-Verfahren oder eine simple Kriterienliste.

Machen Sie sich dabei vor allem klar, was in dieser konkreten Situation von Ihnen verlangt wird: Was ist das Entscheidungsziel? Welche Möglichkeiten gibt es? Welche Risiken bestehen? Wie sind die Auswirkungen einzuschätzen? Lassen Sie sich auf keinen Fall dazu hinreißen, in dringenden Situationen Entscheidungen gegen Ihr intuitives Gefühl zu treffen – Sie werden es bereuen! Bedingen Sie sich stattdessen lieber eine kurze Bedenkzeit aus und gehen noch einmal in sich. So viel Zeit muss sein.

Entscheidungen überprüfen
Überprüfen Sie Ihre Entscheidung nochmals, bevor Sie sie endgültig treffen. Nachdem Sie Ihr Gefühl befragt, alle Informationen ausgewertet und die Alternativen beurteilt haben, können Sie Ihre Entscheidung anhand folgender Fragen noch einmal kritisch beleuchten:

- Ist diese Entscheidung nicht nur für Sie, sondern auch für die anderen Betroffenen überzeugend? Welche Bedenken könnten diese anführen? Welche Argumente haben Sie dagegen?
- Sind Sie persönlich glücklich mit dieser Entscheidung, oder tragen Sie noch Bedenken in sich? Worin bestehen diese und wie können Sie diese klären?

- Welche Konsequenzen kann es für Sie und Ihr Umfeld haben, wenn Ihre Entscheidung erfolgreich verläuft? Was wird dadurch besser?
- Welche Risiken bestehen? Gibt es Dinge, die sich dadurch verschlechtern könnten?

Haben Sie diese Fragen für sich geklärt, steht einer erfolgreichen Umsetzung der Entscheidung nichts mehr im Wege. Sie können nun sicher sein, eine qualitativ hochwertige Entscheidung nach bestem Wissen und Gewissen getroffen zu haben.

Veränderungen bewältigen

Unsere Lebensbedingungen ändern sich kontinuierlich. Manche Veränderungen sind unauffällig und kaum spürbar, andere heftig und tiefgreifend. Selbstmanagement bedeutet, auf diese Veränderungen angemessen zu reagieren. Wir können niemand anderen dafür verantwortlich machen, sondern müssen uns selbst darum kümmern, rechtzeitig dem Wandel zu begegnen (Abb. 1).

Wenn sich Bereiche oder Bedingungen unseres Lebens spürbar verändern, kann das auch Ängste und Unsicherheiten auslösen: „Was ist zu tun? Wie reagiere ich am besten? Was wird in Zukunft sein?" Es ist wichtig, diese Gedanken ernst zu nehmen, aber sich davon nicht bestimmen zu lassen. Dabei ist es unter Umständen hilfreich, vorausschauend zu handeln. So müssen wir nicht defensiv reagieren, sondern können aktiv agieren und wie ein Kapitän den eigenen Lebenskurs besser lenken.

Wenn es darum geht, Probleme im Leben zu bewältigen, fragt man in der Zen-Lehre: „Wer ist der Meister?" Dies ist ein Hinweis darauf, dass wir selbst die passenden Schlüssel zur Lösung in der Hand halten. Wie wir es auch drehen und wenden, am Ende müssen wir verstehen, dass wir selbst die einzigen sind, die unser Leben leben können, die sich den damit verbundenen Herausforderungen stellen müssen. Wir sind also der Meister.

Eine Methode, die uns dabei unterstützen kann, mit Lebensveränderungen konstruktiv umzugehen, ist das Prinzip „Ändern, Annehmen oder Abschaffen". Konkret bedeutet dies, dass wir versuchen, Dinge oder Umstände, auf die wir Einfluss haben, auch bewusst zu ändern oder zu gestalten. Dinge oder Umstände hingegen, die wir nicht ändern können, müssen wir lernen anzunehmen. Dies ist auch Ausdruck einer inneren Haltung von Demut dem Leben gegenüber. Gerade Menschen, die alles in ihrem Leben kontrollieren und bestimmen wollen, tun sich damit häufig schwer. Entsprechend hoch ist ihr Leidensdruck: Je mehr sie an ihren Vorstellungen festhalten, umso größer der Schmerz. Erst durch das Loslassen, das Annehmen, das Sich-Anvertrauen kann dieser nachlassen und schließlich sogar verschwinden. Aber nicht alles lässt sich ändern oder annehmen. Manchmal sind wir

L. Baus, *Selbstmanagement: Die Arbeit ist ein ewiger Fluss*,
DOI 10.1007/978-3-658-09593-2_20

mit Problemen oder Veränderungen konfrontiert, die derart fremdgesteuert und belastend sind, dass ein Ändern oder Annehmen nicht machbar erscheint. Dann ist es wichtig, sich klar und deutlich abzugrenzen und diese Faktoren entweder aus dem eigenen Leben zu entfernen oder sich selbst aus dem Wirkungsbereich dieser Umstände herauszunehmen. Das kann sich auch auf belastende Beziehungen zu anderen Menschen erstrecken.

Veränderungen fallen einem anfangs meist schwer und sind manchmal begleitet von Konflikten. Das kann Mühe und Kraft kosten und auch Unannehmlichkeiten mit sich bringen. Wichtig bei alledem ist, sich bewusst zu machen, dass wir nicht alle Probleme allein bewältigen müssen. Professionelle Hilfe durch einen Coach oder eine Beratung in Anspruch zu nehmen ist Ausdruck selbstverantwortlichen Verhaltens. Hilfreich ist es auch, wenn Sie sich mit anderen Menschen, etwa guten Freunden oder Kollegen austauschen. Der Dialog kann dazu führen, dass Sie Ihre eigenen Gedanken besser ordnen können und Klarheit gewinnen.

Eines ist sicher: Unsere Lebensumstände verändern sich andauernd, ob wir nun wollen oder nicht. Das ist ein Lebensprinzip. Wenn wir an Grenzen stoßen und unsere gewohnten Verhaltensmuster nicht mehr greifen, ist es an der Zeit, sich weiterzuentwickeln und die persönlichen Grenzen neu zu definieren.

Abb. 1 Veränderungen bewältigen

Routinen und Rituale nutzen

In der hektischen Dynamik des Arbeitsalltags fällt es oft schwer, den inneren Fokus zu behalten. Zu vielfältig sind die Aufgaben und Aktivitäten, und selbst bei besten Vorsätzen passiert es leicht, dass wir zwischen den zahlreichen Aufgaben und Ereignissen, Meetings und Telefonaten die bewusste Selbststeuerung verlieren und nur noch auf äußere Reize reagieren.

Eine gute Möglichkeit, dem entgegenzuwirken, ist es, sich im stürmischen Alltag geschützte Inseln zu schaffen, die als Rückzugsorte dienen und die Möglichkeit zur Entspannung und Fokussierung bieten. Am besten funktioniert das, wenn diese Orte oder Momente mit einer bestimmten Routine oder einem Ritual verbunden sind. Dies kann zum Beispiel eine kurze Meditation oder eine Tasse Tee am Nachmittag sein, ein stiller Moment beim Spaziergang nach dem Mittagessen, eine Entspannungsübung am Ende des Arbeitstages, eine Frühgymnastik oder eine andere Aktivität, die Ihnen die Möglichkeit verschafft, durchzuatmen und sich wieder neu zu fokussieren (Abb. 1).

Auf diese Weise können Sie sich jeden Tag einen Miniurlaub gönnen. Diese Momente bieten Ihnen die Chance, sich zumindest für kurze Zeit aus der permanenten Erreichbarkeit auszuklinken und den Kontakt zu sich selbst wieder aufzunehmen.

L. Baus, *Selbstmanagement: Die Arbeit ist ein ewiger Fluss*,
DOI 10.1007/978-3-658-09593-2_21

Abb. 1 Routinen und Rituale nutzen

Auch regelmäßiges Priorisieren, kurze Pausen etwa alle 90 min. und immer wieder Bewegung zwischen den Arbeitseinheiten (Treppenlaufen, einen Kaffee holen, Post wegbringen, Kopierpapier besorgen etc.) helfen dabei, den eigenen Fokus wiederzufinden: „Was sind meine aktuellen Aufgaben? Wo stehe ich gerade? Was ist jetzt wichtig? Was brauche ich dafür?“

Für Abwechslung sorgen

> Wasser erstarrt zu Eis, Eis schmilzt zu Wasser. Was geboren ist, stirbt wieder; was gestorben ist, lebt wieder. Wasser und Eis sind letztlich eins. Leben und Tod, beides ist gut so.
> Weisheit aus dem Zen

Nicht nur der Mensch, sondern die gesamte Natur ist für einen permanenten Wechsel von aktiven und passiven Phasen geschaffen. Tag und Nacht, Ebbe und Flut, die Mondphasen oder die Jahreszeiten verdeutlichen uns allen immer wieder die großen Lebenszyklen. Aber auch im Kleinen, in jeder einzelnen Zelle einer Pflanze oder eines Tieres sind bestimmte Abläufe einprogrammiert, die über ihr Wachstum und ihre Entwicklung bestimmen.

Unsere Leistungs- und Konzentrationsfähigkeit unterliegt auch diesem Gesetz wechselnder Phasen. So können wir zum Beispiel ein Problem nicht schneller lösen, indem wir ohne Unterlass darüber nachdenken. Vielmehr sind es gerade auch die Denkpausen, die letztlich die Lösungsfindung voranbringen.

Dies liegt an der Arbeitsweise unseres Gehirns: Solange wir nämlich aktiv und bewusst über etwas nachdenken oder uns auf etwas konzentrieren, nutzt es vor allem das *explizite Wissen* (den bewussten Wissenspool) und arbeitet überwiegend mit dem Kurzzeitgedächtnis, das wir ständig mit neuen Informationen befüllen. Erst wenn wir damit aufhören und unserem Gehirn eine Pause gönnen, beginnt es mit der unbewussten Verarbeitung dieser Informationen und versucht, die einzelnen Teile wie ein Puzzle zu sortieren und zusammenzufügen, bis schließlich ein Bild entsteht, das wir dann wieder bewusst registrieren (die Lösungsidee). Auch werden nützliche Teile der aufgenommenen Informationen im Langzeitgedächtnis abgespeichert und gehen in das sogenannte *implizite Wissen* (den wesentlich größeren Wissens- und Erfahrungspool, der auch die Intuition speist) über.

Kein Mensch kann also dauerhaft aufmerksam sein. Dies würde auch einen enormen Stress bedeuten. Die Kunst besteht vielmehr darin, durch den gezielten Wechsel von Konzentrations- und Erholungsphasen ein optimales Funktionieren des Gehirns zu ermög-

L. Baus, *Selbstmanagement: Die Arbeit ist ein ewiger Fluss*,
DOI 10.1007/978-3-658-09593-2_22

Abb. 1 Für Abwechslung sorgen

lichen und so die bestmögliche Aufmerksamkeitsleistung zu schaffen (Abb. 1). Dies können wir praktisch gut umsetzen, wenn wir etwa alle 90 min (so lange währt eine durchschnittliche Aufmerksamkeitsspanne) eine kleine Erholungspause einlegen. Auf diese Weise bekommt der Tag einen natürlichen Rhythmus, bei dem zum Beispiel der Vormittag in zwei Arbeitseinheiten mit einer kleinen Pause dazwischen und anschließender Mittagspause sowie der Nachmittag in weitere zwei bis drei Aufmerksamkeitsphasen mit jeweils kurzen Pausen eingeteilt wird.

Aber nicht nur der Wechsel zwischen aktiven und passiven Arbeitsphasen, sondern auch inhaltliche Abwechslung ist wichtig, um die Aufmerksamkeit hoch zu halten. So fällt einem die Konzentration auf das Wesentliche viel leichter, wenn sich beispielsweise konzentrierte Denkphasen (Berechnungen, Konzeption, Problemlösungen etc.) mit sozialen und kommunikativen Tätigkeiten (Telefonate, Gespräche oder Meetings) abwechseln. Auch können wir zwischen sitzenden Tätigkeiten (Schreibtischarbeit) und Bewegung (Spaziergang mit dem Hund, Dokumente holen, Briefe zur Post bringen etc.) wechseln, um nicht nur unserem Geist, sondern auch dem Körper Abwechslung zu bieten.

Vom Wert der Pause

Die Trägheit des westlichen Menschen besteht darin, dass er sein Leben derart mit fieberhafter Aktivität anfüllt, dass ihm keine Zeit mehr bleibt, sich mit den wahren Fragen auseinander zu setzen.
Sogyal Rinpoche

Um gute Leistungen zu erbringen, ist es wichtig, sich auch mal Ruhe zu gönnen. Nicht nur das Gehirn, sondern auch die Seele und der Körper brauchen immer mal wieder kleine Auszeiten, um sich von den Anstrengungen und Belastungen unseres Alltags zu erholen. Die permanente Informationsflut, hohe berufliche und private Anforderungen und eine komplexe Umwelt fordern uns oft bis an die Leistungsgrenze.

Daher brauchen wir von Zeit zu Zeit eine Pause. Dies kann auf viele verschiedene Arten geschehen. Sehr effektiv ist zum Beispiel Meditation. Hier gibt es verschiedene Stile und Herangehensweisen und es ist eine Frage des persönlichen Geschmacks, welche am besten zu einem passt. Aber auch ein entspannter Spaziergang in der Natur ist eine Wohltat für unsere gestressten Sinne. Die einfachste Art, der Aufmerksamkeit eine Erholungspause zu verschaffen, ist jedoch: *nichts tun*. Mal die Schuhe ausziehen und sich aufs Sofa legen. Oder sich bei einem Kaffee dem Tagträumen hingeben. Oder einfach mal die Augen schließen und tief durchatmen (Abb. 1).

Ein altes chinesisches Sprichwort sagt: „Die Arbeit läuft nicht davon, während du deinem Kind einen Regenbogen zeigst, aber der Regenbogen wartet nicht, bis du mit der Arbeit fertig bist." Während es in früheren Zeiten ganz normal war, sich nach Anstrengungen auszuruhen oder auch einfach nur mal so dazusitzen und aus dem Fenster zu schauen, haben viele Menschen heute ein Problem damit, sich dies zuzugestehen. Dies liegt auch daran, dass Nichtstun in den modernen Leistungsgesellschaften mit Unproduktivität gleichgesetzt und häufig negativ bewertet wird. Dabei gibt es dafür überhaupt keinen Grund, denn wer konzentrierte Leistungen erbringt, kann dies dauerhaft nur tun, wenn er

L. Baus, *Selbstmanagement: Die Arbeit ist ein ewiger Fluss*,
DOI 10.1007/978-3-658-09593-2_23

Abb. 1 Vom Wert der Pause

sich einen entsprechenden Ausgleich verschafft, der es ihm ermöglicht, zu regenerieren. Das liegt im positivsten Sinne in der Natur des Menschen. Man muss es nur tun.

Praxis: Nichts tun

Nehmen Sie sich etwas Zeit nur für sich allein (ob eine halbe Stunde oder einen ganzen Tag, das hängt ganz von Ihnen ab) – vielleicht am Wochenende oder an einem verregneten Urlaubstag, vielleicht aber auch einmal abends in der Woche, wenn Sie keine Verpflichtungen haben. Versuchen Sie nun in dieser Zeit ganz bewusst *nichts* zu tun.

Vielleicht sitzen Sie einfach da und trinken Tee oder Sie legen sich auf das Sofa und träumen in den Tag hinein. Sie können sich auch auf einen Stuhl setzen und die Wand ansehen. Hauptsache, Sie suchen sich keine Aufgaben, die zu erledigen sind, oder beschäftigen sich mit irgendwelchen Dingen. Auch konzentriertes Nachdenken oder Grübeln sollten Sie unterbinden und stattdessen Ihren Gedanken einfach freien Lauf lassen.

Horchen Sie in sich hinein und beobachten Sie, was mit Ihnen passiert:

- Wie lange können Sie diesen Zustand aushalten?
- Wie fühlen Sie sich dabei?
- Was für Gedanken gehen Ihnen in dieser Zeit durch den Kopf?
- Was passiert in Ihrem Körper?
- Werden Sie unruhig und nervös oder sehr müde?
- Spüren Sie Ängste oder Traurigkeit aufkommen?
- Kreisen Ihre Gedanken immer wieder um dieselbe Problematik?
- Können Sie sich gut entspannen?
- Fühlen Sie sich wohl und ausgeglichen?
- Fühlen Sie sich danach erfrischt und voller Tatendrang?

Computer, Smartphone & Co.

> Die Menschen sind die Werkzeuge ihrer Werkzeuge geworden.
> Henry David Thoreau

Und was ist mit Computer, Smartphone und Co.? Klar ist: Diese Werkzeuge sind nicht schuld an unserem Stress. Wir sind es selbst. Zum einen wurden diese Geräte von Menschen erfunden, zum anderen weiß jeder, wo sich die Austaste befindet. Das Problem ist, dass wir unsere vielen elektronischen und digitalen Kommunikationstools zwar bedienen können, aber noch keinen angemessenen Umgang damit gefunden haben (Abb. 1).

Es war vor nicht allzu langer Zeit gesellschaftlicher Konsens, dass es keine gute Idee ist, den Fernseher sieben Tage die Woche 24 h am Stück laufen zu lassen. Aber heute haben wir kein Problem damit, mit dem Computer oder Smartphone permanent online zu sein und nicht nur während unserer Wachzeit, sondern auch noch im Schlaf elektronische Nachrichten zu empfangen, ja sogar noch darauf zu reagieren.

Um mehr Achtsamkeit und Fokussiertheit im Umgang mit elektronischen und digitalen Medien zu lernen, brauchen wir allerdings keine „Achtsamkeitsapp". Diese würde uns nur wieder davon ablenken, wo die Steuerung tatsächlich stattfinden muss: in unserem Gehirn! Insofern sind auch Computer und Co. dazu geeignet, Achtsamkeit bei der Arbeit zu praktizieren. Es gibt ausreichend Möglichkeiten, die Programme dahingehend zu konfigurieren, dass wir nicht ständig durch Benachrichtigungen und Informationen bei der Bearbeitung einer Aufgabe gestört werden.

Die eigentliche Herausforderung liegt interessanterweise darin, sich nicht selbst zu unterbrechen, indem man mal eben zwischendurch in den digitalen Posteingang oder im Online-Forum nach Neuigkeiten schaut. Ein Manager in einem meiner Seminare hat das einmal so beschrieben: „Es ist wie mit Chips und Schokolade: Ich weiß, ich sollte nicht hinlangen, aber ich tue es trotzdem."

L. Baus, *Selbstmanagement: Die Arbeit ist ein ewiger Fluss*,
DOI 10.1007/978-3-658-09593-2_24

Abb. 1 Einfach mal Ausschalten

Praxis: Neue Kommunikationsstrategien entwickeln
Einige praktische Strategien, die ich im Folgenden beschreibe, können helfen, Ihre Kommunikation kompakter und qualitativ besser zu gestalten:

Slow E-Mailing: Kontrollieren Sie maximal dreimal täglich Ihren E-Mail-Eingang (zum Beispiel bei Arbeitsbeginn, am späten Vormittag und dann nachmittags noch einmal) und beantworten Sie E-Mails grundsätzlich erst am nachfolgenden Tag (außer sie sind wirklich wichtig und zugleich dringend). Lesen und beantworten Sie zudem nur E-Mails, die an Sie persönlich adressiert sind und einen konkreten Betreff haben. Das bringt Entschleunigung in Ihre E-Mail-Kommunikation und korrigiert die Erwartungshaltung der anderen. Auch hat sich über Nacht das eine oder andere Thema bereits erledigt und Sie können am nächsten Tag wesentlich fokussierter antworten, weil das Gehirn schon etwas Zeit hatte, das Thema zu bearbeiten (dies läuft meist unbewusst ab). Das Beantworten und Schreiben von E-Mails wandelt sich auf diese Weise vom fremdbestimmten Reflex zur bewussten Handlung.

Eine weitere Möglichkeit besteht darin, die *Kommunikation zu bündeln*, indem man sich angewöhnt, bestimmte Vorgänge wie das Beantworten von Anfragen oder Dokumentation in Zeitblöcken zusammenzufassen und nicht ständig zwischendurch abzuwickeln.

Hilfreich ist auch ein *Reduzieren der elektronischen Gadgets*. Versuchen Sie nach Möglichkeit, lieber mit einem guten Gerät zu arbeiten, in dem Sie Ihre Kontakte und Nachrichten zusammenhalten können, als Ihre Kommunikation mit vielen verschiedenen Medien zu bewerkstelligen. Wer ständig parallel mit Laptop, Tablet-PC, Handy oder Blackberry im Wechsel arbeitet, wird ein höheres Stressniveau und mehr Störungen erleben als jemand, der im Wesentlichen seine Kommunikation mit einem oder zumindest wenigen Geräten pflegt.

Schließlich ist es für eine gute Arbeits- und Lebensqualität unabdingbar, *Zeiten der Unerreichbarkeit* einzuführen. Dies ist nicht nur wichtig, um sich Freiräume zu schaffen oder in Ruhe an einem wichtigen Vorgang arbeiten zu können, sondern dient auch der Entspannung des vegetativen Nervensystems. Dieses ist nämlich ständig in Alarmbereitschaft, wenn wir permanent erreichbar sind. Die Folgen: ein chronisch erhöhter Spiegel der Stresshormone Cortisol, Adrenalin und Noradrenalin. Um gesundheitlichen Schäden vorzubeugen, lohnt es sich also im wahrsten Sinne des Wortes, mal abzuschalten.

Den Stress besser bewältigen

Gute Stressbewältigung ist elementarer Bestandteil eines ganzheitlichen Selbstmanagements. Primäre Aufgabe dabei ist, Anforderungen, Belastungen, Fähigkeiten und Ressourcen so auszubalancieren, dass wir über ein gesundes Leistungsvermögen verfügen können. Wer ein engagiertes, vielgestaltiges Leben führt, bekommt früher oder später den Stress zu spüren, der damit verbunden ist. Wir alle erleben solche Situationen und daran ist auch grundsätzlich nichts dramatisch. Wichtig ist nur, die Stressmechanismen zu verstehen und die eigene Stressreaktion zu kennen. Dies ist Voraussetzung dafür, dass wir dem Stress nicht ungeschützt ausgesetzt sind, sondern einen gesunden Umgang damit finden (Abb. 1).

Stress an sich muss nicht unbedingt negativ sein. Zunächst einmal ist es eine ganz natürliche Reaktion des Organismus auf Belastungssituationen oder Stressreize, sogenannte „Stressoren". Die Bezeichnung „Stress" ist ursprünglich im Umfeld der Produktion entstanden und bedeutet in etwa „Druck", „Belastung" (zum Beispiel von Material). Später wurde der Begriff dann von der Stressforschung übernommen, weil er den Zustand gut beschreibt, in den ein Mensch gerät, der unter Druck steht. Im Selbstmanagement geht es nicht darum, Druck oder Belastungen zu meiden, sondern bewusst und angemessen damit umzugehen. Ein gewisses Maß an Druck kann sich produktiv und kreativitätsfördernd auswirken, zu viel davon bewirkt genau das Gegenteil.

Wie viel Stress ein Mensch in seiner Arbeit oder seinem Leben insgesamt verträgt, ist individuell sehr verschieden. Jeder reagiert anders auf Stressoren: Was den einen ängstigt und lähmt, ist für andere sogar ein positiver Antrieb und motiviert zu Höchstleistungen. Ob und wann aus einer normalen Anforderung oder Belastung eine Überlastung wird, hängt von verschiedenen Faktoren ab, etwa von unserer individuellen Stressresistenz, der körperlichen, seelischen und geistigen Verfassung und davon, ob wir einer Aufgabe oder Situation grundsätzlich gewachsen sind. Eine wichtige Rolle dabei spielt auch das Gefühl von Kontrolle: Je mehr wir glauben, eine Situation positiv beeinflussen zu können, desto weniger Stress löst sie in uns aus.

L. Baus, *Selbstmanagement: Die Arbeit ist ein ewiger Fluss,*
DOI 10.1007/978-3-658-09593-2_25

Abb. 1 Den Stress besser bewältigen

Oftmals begeben wir uns freiwillig in fordernde Situationen, um uns weiterzuentwickeln und die persönlichen Grenzen zu erweitern. Nach positivem Stress, dem *Eustress*, empfinden wir häufig ein Gefühl von Zufriedenheit und Stärke. Negativ wirkt sich Stress dann aus, wenn der Druck zu lange andauert oder wir spürbar überfordert sind. Denn darunter leidet das körperliche und seelische Wohlgefühl.

Wie sich Stress auswirkt

Stress ist eine von der Natur eingebaute und reflexhaft ablaufende Reaktion unseres Gehirns und Körpers auf einen Gefahrenreiz. Wenn wir eine Situation oder einen Sinneseindruck als „gefährlich" einstufen, reagiert das Gehirn, indem es in Sekundenschnelle Botenstoffe an verschiedene Organe sendet, die dann spontan eine größere Menge der Stresshormone Adrenalin, Noradrenalin und Cortisol freisetzen. Diese biochemische Stressreaktion bewirkt die typischen Stresssymptome: Blutdruck, Körpertemperatur, Herzfrequenz und Blutzuckerspiegel steigen, die Sauerstoffaufnahmefähigkeit des Blutes und die Muskelspannung nehmen zu. Gleichzeitig werden die Schmerzempfindlichkeit und Entzündungsneigung kurzfristig herabgesetzt und das Koordinationsvermögen und die Aufmerksamkeit gesteigert, während die Atmung flacher wird. Der Verdauungstrakt wird vorübergehend auf Sparflamme betrieben, um Energie zu sparen. In diesem Moment regiert das *sympathische Nervensystem*.

Der Sinn dieser blitzschnell ablaufenden und sehr aufwendigen Körperreaktion ist, dem betroffenen Lebewesen in möglichst kurzer Zeit möglichst viel Energie zur Verfügung zu stellen, um in einer Gefahrensituation überleben zu können, zum Beispiel durch Kampf oder Flucht. Daher wird dieser Mechanismus auch „Fight-or-Flight-Reaktion" genannt. Es müssen aber nicht immer starke Stressoren sein, die diesen Mechanismus auslösen. Auch der Alltagsstress durch Zeitdruck, Beziehungsprobleme, Ängste, Leistungsdruck, Konflikte, finanzielle Belastungen, Krankheit usw. kann derartige Folgen haben, wenn es an Ausgleich fehlt. Zudem sind wir in unserer heutigen Lebens- und Arbeitswelt einem permanenten Überangebot an Reizen ausgesetzt. Die zahlreichen und komplexen Eindrücke durch Medien, Kommunikation und Interaktion mit Menschen sowie die vielfältigen Umweltreize werden häufig nicht angemessen verarbeitet, weil die Entspannungsphasen fehlen, in denen das Gehirn die aufgenommenen Informationen sortieren kann. Vielen Menschen fehlt es zudem an einer bewussten Reizauswahl.

Interessant ist, dass unter Stress das logische Denken nur eingeschränkt funktioniert, da unsere Reaktion überwiegend durch das sogenannte Reptilienhirn bestimmt wird, die innerste Hirnregion, die Reflexe und Instinkte steuert. Der äußere Neocortex, also die im Verlauf der Evolution später ausgebildete Hirnregion, die für das logisch-analytische Denken zuständig ist, funktioniert währenddessen schlechter. Der Grund dafür ist einfach: In einer Gefahrensituation sollen wir nicht lange überlegen und analysieren, welches wohl die beste Vorgehensweise wäre, um unser Leben zu retten, sondern schnell und wirksam handeln. Damit steigt die Überlebenswahrscheinlichkeit erheblich. Das bedeutet aber auch, dass es uns im Stress deutlich schwerer fällt, komplexere Aufgaben zu lösen oder schwierige Entscheidungen zu treffen.

Ist die Gefahr überstanden oder der Stressreiz als ungefährlich erkannt, normalisieren sich unsere Körperfunktionen langsam wieder. Jetzt übernimmt das beruhigende parasympathische *Nervensystem* die Regie und wir können direkt spüren, wie die Anspannung nachlässt, unsere Atmung und Puls sich beruhigen und sich zunehmend Entspannung einstellt.

Dieser Wechsel von Anspannung und Entspannung ist natürlich und gesund. Er hilft, die Anforderungen im Leben zu meistern. Stehen die Anspannungs- und Entspannungsphasen in einem ausgeglichenen Verhältnis zueinander, wird die Stressresistenz gestärkt und wir können der nächsten Herausforderung souveräner begegnen. Problematisch wird es nur, wenn der Ausgleich fehlt und die Stressbelastung sich zu einseitig entwickelt. Dann kann aus der Summe zu vieler Anforderungen eine Überlastungssituation entstehen, die sich auf längere Sicht leistungsmindernd und gesundheitsbelastend auswirkt. Genau dies können wir aber durch bewusstes Selbstmanagement verhindern und so den Stress in unserem Leben im Bereich des Gesunden halten.

Wege aus dem Stress

Stress kann auf ganz unterschiedlichen Wegen entstehen. Nach dem ganzheitlichen Verständnis besteht der Mensch aus den drei Dimensionen Körper, Seele und Geist. Das bedeutet, dass auch Stress auf diesen drei Ebenen entstehen kann, als körperlicher (zum Beispiel bei Krankheit), geistiger (zum Beispiel bei zu vielen Aufgaben) oder seelischer Stress (zum Beispiel bei Ängsten). Diesen ganzheitlichen Ansatz können wir auch nutzen, um eine umfassende Stressbewältigung zu ermöglichen.

Dabei ist es wichtig zu realisieren, dass es nicht das *eine* wirksame Rezept gegen Stress gibt. Zunächst einmal reagiert jeder Mensch auf ganz unterschiedliche Stressoren. Hinzu kommt, dass sowohl die Stressresistenz als auch die Bewältigungsmechanismen individuell sehr verschieden ausgeprägt sind.

Neben dem ganzheitlichen Ansatz zur Stressbewältigung auf körperlicher, seelischer und geistiger Ebene gibt es eine ganze Reihe erprobter Methoden und Strategien mit stressreduzierender Wirkung.

Zusammengefasst können wir Stress auf vielen verschiedenen Ebenen bewältigen und vorbeugen:

- auf der *körperlichen Ebene* (Bewegung, Entspannung, Ernährung, Schlaf),
- auf der *seelischen Ebene* (Glaube, Spiritualität, Weltbild),
- auf der *geistigen Ebene* (Werte, Ziele, Glaubenssätze, Erwartungen, Einstellungen, Wahrnehmung, Mentaltechniken),
- durch unser *Verhalten* (Selbstmanagement, Gewohnheiten und Reaktionsmuster, Kommunikation und Interaktion, Umgang mit Konflikten),
- mit *Fähigkeiten* (Wissen, Fertigkeiten, Kompetenzen, Methoden und Techniken),
- bei der praktischen *Lebensführung* (Lebensstil, Ausgleich, Alltagsrituale, Ernährung, Bewegung, Schlaf und Ruhephasen) und
- in der *Organisation* unserer Arbeitsabläufe (Zeitplanung, Prioritätensetzung, Selbstorganisation).

Wirksame Stressbewältigung

Wirksame Stressbewältigung heißt, den Stress zu integrieren statt zu meiden. Der erste Schritt in diese Richtung besteht darin, den eigenen Stress besser kennenzulernen. Dies geschieht, indem wir zunächst unsere persönlichen Stressoren herausfinden und uns anschließend unsere typischen Reaktionen darauf bewusst machen. Ist ein gutes Verständnis des eigenen Stressverhaltens entstanden, können konkrete Bewältigungsstrategien entwickelt werden, die auf die persönliche Lebenssituation zugeschnitten sind. Dabei werden alle Lebensbereiche berücksichtigt: Aufgabe, Beziehungen, Körper, Ausgleich und Sinn.

Bisweilen kann es schwierig sein, die wirklichen Ursachen für den Stress zu identifizieren, denn nicht immer ist das, was vordergründig als Stressauslöser erscheint, auch der tatsächliche Grund. Die Bewältigungsstrategien greifen jedoch nur, wenn die eigentlichen Auslöser konkret benannt sind. Es ist immer schwer, sich selbst zu analysieren, insbesondere wenn man über längere Zeit unter akutem Stress steht. In solchen Situationen professionelle Unterstützung zu suchen ist kein Schwächesignal, sondern Ausdruck von Selbstverantwortung. Insofern kann es sinnvoll sein, sich im Prozess der Stressbewältigung durch einen spezialisierten Arzt, Therapeuten oder Coach begleiten zu lassen. Dieser hilft dabei, die eigene Lebens- und Arbeitssituation gezielt im Hinblick auf relevante Stressoren und gesundheitliche Risiken zu analysieren und effektive Bewältigungsstrategien zu entwickeln.

Mögliches Ergebnis einer wirksamen Stressbewältigung ist, dass wir nicht nur mehr Entspannung finden, sondern in der Lage sind, die durch Stress entstehende Energie auch konstruktiv zu nutzen. Dies kann geschehen, indem wir unsere Arbeit bewusster ausüben und dort eine bessere Qualität erleben, mehr Bewegung und Entspannung in unseren Alltag integrieren, Herausforderungen souveräner begegnen und insgesamt mehr Lebensfreude genießen. Wer ganz praktisch etwas gegen seinen Stress tun möchte, hat folgende Möglichkeiten:

- Stressenergie aktiv abbauen mit Bewegung (etwa durch Sport, Spazierengehen, Gartenarbeit, Tanzen, Tai Chi, Chi Gong, Yoga),
- Regeneration durch Entspannung (etwa durch Atemübungen, Entspannungstechniken, Meditation, Musik, Massagen, Aromatherapie),
- gesunde Ernährung (individuell angepasst, nicht nach populären Diäten) und
- Erhöhen der Stressresistenz durch gezieltes wohldosiertes Belasten und Regenerieren.

Anspannung und Entspannung im Wechsel

Das Wechselspiel von Anspannung und Entspannung ist nicht nur ein wirksamer Mechanismus der Stressbewältigung, sondern ein grundsätzliches Lebensprinzip. Nicht Stillstand, sondern wechselnde Phasen von Aktivität und Ruhe bestimmen die Lebenszyklen in der gesamten Natur. Davon können wir auch für ein erfolgreiches Selbstmanagement lernen. So liegt das Geheimnis einer guten Energie weder in der permanenten Anstrengung noch in dauerhaftem Ausruhen, sondern vielmehr in dem gezielten Erbringen einer Leistung und dem anschließenden Regenerieren bis zur nächsten Aufgabe.

Aber genau dieser Energie schaffende Wechsel zwischen Leistung und Erholung bleibt in der Regel aus, wenn wir unserem Tagewerk nachgehen. Stattdessen befinden sich die meisten arbeitenden Menschen in einer Situation der permanenten Anspannung. Weder die körperliche noch die geistige Leistung lässt sich jedoch endlos strecken. So wissen wir, dass beispielsweise die durchschnittliche Aufmerksamkeitsspanne des Gehirns etwa 90 min beträgt. Das bedeutet, wir können uns für etwa eineinhalb Stunden einigermaßen gut auf eine Tätigkeit konzentrieren, dann brauchen wir ein Pause. Ähnliches gilt für den Körper. Trainingspläne für Leistungssportler enthalten nicht etwa nur Trainings- und Wettkampfphasen, sondern ebenso die überaus wichtigen Erholungs- und Aufbauphasen.

Wer jetzt denkt, für Pausen habe er keine Zeit, irrt. Denn gerade kurze Pausen zwischen den Arbeitseinheiten geben Körper und Geist die so dringend notwendige Möglichkeit zu verschnaufen. Wir bauen dadurch nicht nur Stress ab, sondern profitieren anschließend von mehr Energie und können uns wieder besser konzentrieren. Wenn wir dagegen stundenlang durcharbeiten, werden wir immer langsamer und unproduktiver. Am Ende entsteht sogar eine schlechte Arbeitsqualität, deren Korrektur wiederum viel Zeit und Aufwand in Anspruch nimmt.

Im geschäftigen Arbeitsalltag braucht es etwas Übung und eine gute Portion Selbstdisziplin, um sich regelmäßig kleine Entspannungsmomente zu verschaffen. Und natürlich lässt sich nicht immer der ideale 90-Minuten-Rhythmus herstellen. Aber je mehr wir darauf achten, unsere Aufgaben und Planung so zu gestalten, dass es wechselnde Phasen von Anspannung und Entspannung geben kann, umso besser können wir unseren Stress bewältigen und von einer guten Leistungsfähigkeit profitieren.

Regeneration ist wichtig

Einer der wichtigsten Schlüssel zu guter Vitalität und Stressresistenz ist ausreichende Regeneration. Das Schöne am Regenerieren ist, dass es völlig unaufwendig sein kann. Am

Abb. 2 Regeneration ist wichtig

effektivsten erholen wir uns nämlich im Schlaf. Aber genau daran mangelt es im Alltag vieler Menschen heute.

Warum ist Regeneration so wichtig? Gehen wir wieder vom ganzheitlichen Menschenbild aus, dann können wir sagen, dass alle drei Dimensionen unserer Existenz (Körper, Seele und Geist) in regelmäßigen Abständen Ruhe und Erholung brauchen. Während unser Körper beispielsweise die Nachtruhe nutzt, um Zellreparaturprozesse ablaufen zu lassen und in dieser Zeit auch das Immunsystem überwiegend seine wichtige Arbeit verrichtet, ist der Schlaf eine willkommene Gelegenheit für unser Gehirn, die tagsüber aufgenommenen Eindrücke und Informationen zu verarbeiten. Aber nicht nur das Unterbewusstsein, das entscheidend an diesem Prozess beteiligt ist, nutzt die Ruhephasen zur Regeneration, auch unsere Seele erholt sich, wenn Stille einkehrt (Abb. 2).

In dem Wort Regenerieren steckt schon der Begriff „generieren". Es entsteht also etwas, wenn wir zur Ruhe kommen. Gedankliche, körperliche oder seelische Prozesse entwickeln sich weiter und gelangen zu einer Lösung, die sich uns beim Aufwachen oder sogar in unseren Träumen oder halb bewussten Zuständen präsentiert. Während unserer aktiven, vollen Tage mit all den vielen Ereignissen und Eindrücken dominiert vor allem unser Bewusstsein und sorgt für eine oberflächliche rationale Informationsverarbeitung. Ohne den entscheidenden Beitrag unseres Unterbewusstseins während der Regenerationszeiten wären wir jedoch gar nicht in der Lage, zu überleben. Wir würden in der Flut der vielen unverarbeiteten Sinneseindrücke untergehen.

Ganz pragmatisch gesehen findet also beim Regenerieren eine Art psychisches und körperliches Aufbauprogramm statt, das die Grundlage für unsere Gesundheit und Leistungsfähigkeit schafft. Schade, dass wir uns dafür so wenig Zeit nehmen.

Regenerieren können wir nicht nur im Schlaf, sondern auch mithilfe von Entspannungstechniken oder Meditation. Es ist möglich, über körperliche Regeneration, etwa durch eine Massage zugleich auch geistig zu regenerieren und umgekehrt. Gerade das Verfahren der Meditation wirkt sich auf alle drei Bereiche – Körper, Seele und Geist – aus. Jeder Mensch hat natürlich individuelle Bedürfnisse und Vorlieben. Folglich ist Regeneration ein sehr persönliches Thema. Im Prinzip ist jede Form von Tätigkeit (oder Untätigkeit), die uns von den alarmierenden Gedanken und Reaktionen auf unseren täglichen Stress wegführt, geeignet, um die Regeneration zu fördern.

Praxis: Stressabbau im Job

In diesem Kapitel haben Sie viel über Stress und den Umgang damit erfahren. Zusammenfassend lesen Sie nun einige Ratschläge, um dem beruflichen Stress in der Praxis zu begegnen.

- Achten Sie darauf, Ihre Ziele realistisch zu formulieren und rennen Sie nicht unverhältnismäßigen oder falschen Zielen hinterher. Überprüfen Sie auch, welchen Preis ein Ziel hat und ob Sie bereit sind, diesen zu zahlen.
- Planen Sie lieber zu viel Zeit für etwas ein. Packen Sie Ihren Tag nicht zu voll und geben Sie ihm durch Planung Struktur. Wichtig ist aber auch, dass Sie nicht starr an Ihrer Planung festhalten, sondern flexibel bleiben.
- Konzentrieren Sie Ihre Energie auf die wirklich wichtigen Dinge und lassen Sie Unwichtiges auch mal liegen.
- Erlauben Sie sich im Tagesablauf zwischendurch Pausen und halten Sie inne. Lernen Sie, auch mal vorübergehend nichts zu tun – selbst wenn es Ihnen schwer fällt.
- Versuchen Sie, nicht perfektionistisch zu sein. Oftmals reichen achtzigprozentige Lösungen völlig aus. Wenn Ihnen etwas besonders am Herzen liegt, können Sie eine Ausnahme machen.
- Einmal am Tag sollten Sie die Möglichkeit haben, zur Ruhe zu kommen. Dafür brauchen Sie einen Ort, an den Sie sich ungestört zurückziehen können. Diesen stillen Moment können Sie nutzen, um sich zu entspannen und zu fokussieren.
- Wenn die Dinge sich anders entwickeln als geplant, ist es wichtig, gelassen zu bleiben. Das kann man gerade im Alltag anhand kleiner Situationen gut trainieren.
- Probieren Sie, Bewegung unaufwendig in Ihren Alltag zu integrieren, mindestens eine halbe Stunde am Tag. Sie können mit dem Hund oder den Kindern spazieren gehen, mit dem Rad zur Arbeit fahren oder die Einkäufe zu Fuß nach Hause bringen.
- Fordern Sie sich angemessen, aber achten Sie darauf, sich nicht ständig zu überfordern. Lernen Sie Ihr persönliches Leistungsspektrum kennen und respektieren Sie Ihre Grenzen.

- Legen Sie hin und wieder einmal Ihre Uhr beiseite und versuchen Sie Ihr eigenes Tempo zu finden. Finden Sie heraus, wie lange Sie für bestimmte Tätigkeiten benötigen. Erleben Sie Eigenzeit.
- Lernen Sie, sich auch Schwächen zu erlauben und Fehler zu verzeihen. Seien Sie in den Erwartungen und Ansprüchen sich selbst gegenüber fair.
- Wenn etwas gut gelaufen ist, freuen Sie sich darüber und feiern Sie Ihren Erfolg.

Praxis: Bewusste Atmung
Eine effektive Möglichkeit, Stress entgegenzuwirken, sind regelmäßige Atemübungen. Anhand unserer Atmung können wir nämlich sehr gut überprüfen, ob wir gestresst sind. Im entspannten Zustand läuft die Atmung ruhig, regelmäßig, frei und ungehindert. Sind wir gestresst, wird dies durch unsere Atmung gespiegelt:Sie ist flach, angespannt und unregelmäßig. Bei starkem Stress halten wir sogar die Luft an.

Eine einfache Atemübung hilft beim Entspannen:

- Stellen, setzen oder legen Sie sich dazu in gestreckter Haltung hin.
- Richten Sie Ihre Aufmerksamkeit auf Ihre Atmung. Stellen Sie sich dazu vor, Sie atmen die Luft durch den Bauchnabel ein und der Bauch füllt sich dabei mit Sauerstoff wie ein Ballon. Atmen Sie anschließend durch die Nase langsam wieder aus und lassen Sie dabei den Bauch wieder einsinken.
- Lassen Sie Ihre Bauchatmung im eigenen Rhythmus fließen und schauen ihr einfach zu, denn die Atmung steuert sich normalerweise selbst und stellt so eine optimale Sauerstoffzufuhr sicher.
- Wiederholen Sie diesen Vorgang einige Male, bis Sie schließlich immer ruhiger werden.

Teil VI
Wie bringe ich mein Leben ins Gleichgewicht?

Aufgaben anders erleben

Es ist für den Menschen in psychologischer, ökonomischer und sozialer Hinsicht wichtig, eine Aufgabe zu haben. In der Regel ist dies unsere Arbeit. Der Lebensbereich *Aufgabe* umfasst das berufliche und gesellschaftliche Engagement. Hier geht es um Karriere und Beruf, Arbeitsbeziehungen, fachliche Kompetenzen und Entwicklungsmöglichkeiten oder politisches Engagement. Aber auch die Erziehung der Kinder oder ehrenamtliches Engagement kann Aufgabe in diesem Sinne sein.

Unser Erleben im Beruf hat großen Einfluss auf unsere Lebensqualität. Wir verbringen weitaus mehr Zeit mit der Arbeit als mit unserer Familie oder anderen wichtigen Lebensbereichen. Daher ist es wichtig, hier eine möglichst gute Arbeitsqualität zu schaffen, bei der die positiven Eindrücke im Gegensatz zu negativen Belastungsfaktoren überwiegen. Ist das Gegenteil der Fall, kann die Arbeit eine nicht versiegende Quelle für Stress sein, der das Leben insgesamt belastet.

In der heutigen Arbeitswelt sehen sich viele Menschen mit einem stetig wachsenden Workload konfrontiert. Sie fühlen sich nicht nur durch die schiere Menge an Aufgaben überfordert, sondern haben auch Angst, den permanent steigenden Kommunikationsanforderungen und Leistungserwartungen nicht zu genügen. Das Problem dabei ist, dass sich die Grenzen nach oben zusehends auflösen. Zwar gibt es per Arbeitsvertrag festgelegte Arbeitszeiten, die Realität zeigt jedoch, dass der Job für viele Menschen nicht aufhört, wenn sie das Büro verlassen. Schuld daran sind nicht nur Smartphones und Internet, sondern vor allem das nachlässige Verhalten vieler Betroffener im Umgang mit den natürlichen Grenzen der Lebensbereiche. Letztlich besteht für jeden Einzelnen die Aufgabe darin, den Dingen im Leben ihren richtigen Platz zu geben. Dabei geht es gar nicht in erster Linie darum, wie viel oder wenig man nun genau arbeitet, sondern ob Menge und Intensität der Arbeit in einem gesunden Verhältnis zu den Dingen steht, die einem im Leben sonst noch wichtig sind (Abb. 1).

L. Baus, *Selbstmanagement: Die Arbeit ist ein ewiger Fluss*,
DOI 10.1007/978-3-658-09593-2_26

Abb. 1 Eine bessere Arbeitsqualität erleben

Ein gesundes Maß an Arbeit wird uns fordern, aber nicht dauerhaft überfordern. Arbeit darf auch ruhig anstrengend sein und muss nicht immer Spaß machen. Entscheidend ist, wie wir unseren Beruf über eine längere Strecke erleben. Sind wir grundsätzlich einverstanden und fühlen uns wohl im Job oder fällt uns der Gang zur Firma schwer? Sind wir abends, wenn wir nach Hause kommen, redlich erschöpft oder total erschlagen? Können wir nach Feierabend auch loslassen oder müssen wir auch zu Hause ständig an den Job denken? Wie die Antworten auf diese Fragen ausfallen, ist häufig ein Ergebnis unserer subjektiven Wahrnehmung und hat weniger mit der rein rechnerischen Arbeitszeit oder Aufgabenzahl, sondern viel mehr mit der erlebten Arbeitsqualität und -intensität zu tun.

Verspüren Sie während oder nach der Arbeit deutliche Stresssymptome wie Verdauungsprobleme, Muskel-, Kopf- oder Gliederschmerzen, Kreislaufstörungen oder Ohrgeräusche, dann wird es höchste Zeit, etwas an Ihrem Arbeitsstil zu ändern. Unser Körper signalisiert uns nämlich zuverlässig, wenn wir die Grenzen des Gesunden überschreiten. Auch häufige Konzentrationsstörungen, ausgeprägte Unlust auf Kontakt zu anderen oder suchtartiges Verhalten können Hinweise auf eine berufliche Überlastung sein. Die genauen Ursachen und Lösungsmöglichkeiten lassen sich jedoch allein nicht immer leicht herausfinden. Hierzu kann es hilfreich sein, ein Coaching in Anspruch zu nehmen, in dessen Rahmen die persönliche Situation gemeinsam analysiert und verbessert werden kann.

Belastungen reduzieren

Wenn Sie viel arbeiten, aber nur wenige Ihrer arbeitsbezogenen Bedürfnisse erfüllt sind, werden Sie sich unwohl fühlen. Einerseits stellt sich die Frage, ob es möglich ist, mehr persönliche Bedürfnisse im Job umzusetzen, andererseits ist es sinnvoll, negative Belastungen zu reduzieren.

Dabei kann Ihnen das einfache Prinzip „Ändern, Annehmen oder Abschaffen" helfen, das Sie schon aus Kapitel „Die eigene Aufmerksamkeit besser steuern" kennen. Überlegen Sie also zunächst, was Sie ändern können, um mehr Arbeitszufriedenheit zu erlangen. Dafür können Sie sich aufschreiben, was Ihnen – bezogen auf Ihre Arbeit – alles wichtig ist. Danach können Sie nach Lösungen suchen, um die einzelnen Punkte künftig besser umzusetzen. Bei näherem Hinschauen gibt es meistens eine Menge an Möglichkeiten, Einfluss zu nehmen. Wenn Sie sich mit dieser Aufgabe allein unsicher fühlen oder Ihnen keine Lösungsideen einfallen, können Sie sich auch mit anderen darüber austauschen.

Sollten sich die Dinge trotz ernsthaften Bemühens nicht ändern lassen, überlegen Sie, ob Sie das akzeptieren können und sich eventuell daran gewöhnen werden, indem Sie Ihre Einstellung zu den Dingen ändern. Echtes Annehmen bedeutet aber auch, sich künftig nicht immer wieder über die betreffenden Dinge zu beklagen, sondern sie einfach als einen Teil des Jobs zu akzeptieren und das Beste daraus zu machen.

Geht es Ihnen damit aber weiterhin schlecht, müssen Sie eine Entscheidung treffen. Das bedeutet, Sie müssen die Belastungsmomente konsequent aus Ihrem Leben entfernen oder sich selbst aus dem Wirkungsbereich dieser negativen Einflüsse herausnehmen. Das kann in letzter Konsequenz auch bedeuten, den Arbeitsplatz zu wechseln, entweder innerhalb des Unternehmens oder außerhalb.

Die Arbeitssituation verbessern

Die häufigsten Ursachen für Unzufriedenheit mit dem Arbeitsplatz sind chronische Über- oder Unterforderung, zu wenig Entscheidungs- und Entwicklungsmöglichkeiten, mangelnde Arbeitsorganisation und schlechte Bezahlung. Auch permanent negatives oder fehlendes Feedback, ständige Störungen und Unterbrechungen, schwelende Konflikte oder Mobbing tragen dazu bei, dass die Arbeit belastend erlebt wird.

Zunächst einmal ist es wichtig, eine Bestandsaufnahme der Faktoren zu machen, die Sie gern verbessern möchten. Sie können entweder selbst nach Lösungsmöglichkeiten suchen oder dies gemeinsam mit Kolleginnen, Kollegen oder Vorgesetzten tun. Des Weiteren können Sie sich mit Ihrer inneren Einstellung zu Ihrem Arbeitsplatz beschäftigen. Das ist insbesondere dann wichtig, wenn sich an den strukturellen Bedingungen nichts ändern lässt. Mit der richtigen Einstellung lässt sich das Ausmaß des Leidens unter äußeren Belastungsfaktoren erheblich reduzieren, möglicherweise sogar in positives Erleben wandeln.

Wenn Sie einen guten Kontakt zu Ihren Mitarbeitenden und Vorgesetzten pflegen, lässt sich der Druck im Job besser aushalten, weil Sie nicht das Gefühl haben müssen, alle Last allein zu tragen. Daher ist es hilfreich, sich ein funktionierendes berufliches Netzwerk und verlässliche soziale Kontakte im Unternehmen aufzubauen. Gemeinsam lassen sich nicht nur Probleme besser bewältigen, die Arbeit macht auch einfach mehr Spaß. Voraussetzung dafür ist natürlich ein vertrauensvolles und professionelles Arbeitsklima. Liegt die eigentliche Ursache des Stresses allerdings darin, dass ebendieses nicht gegeben ist, wird es zunächst einmal wichtig sein, die bestehenden Probleme auf der Beziehungs- oder Organisationsebene zu klären. Wenn Sie das Gefühl haben, es wäre besser, den Prozess durch eine neutrale externe Person begleiten zu lassen, können Sie sich Unterstützung durch ausgebildete Mediatoren oder Berater holen.

Wichtig ist auch, dass Sie im Beruf Ihre persönlichen Werte nicht verletzt sehen und bis zu einem gewissen Grad authentisch sein dürfen. Natürlich spielen wir alle im Beruf eine bestimmte Rolle, vielleicht auch mehrere. Dies sollte aber nicht zur Schauspielerei werden, bei der wir uns verstellen müssen und nicht mehr wir selbst sein dürfen. Auch in dieser Hinsicht gilt es, individuell herauszufinden, wie viel Authentizität Ihr Job zulässt und welche Aspekte Ihrer Persönlichkeit oder Ihres Verhaltens Sie lieber für sich behalten möchten. Professionelles Selbstmanagement bedeutet auch in dieser Hinsicht eine bewusste Selbststeuerung.

Schließlich ist es auch sehr wichtig, die eigene „Kragenweite" zu kennen. Damit ist gemeint, ein gesundes Gespür für das eigene Leistungsvermögen zu besitzen. Denn nur wer weiß, was er kann, will und darf, ist auch in der Lage, seine Leistung produktiv und auf gesunde Art umzusetzen. Wer sich ständig übernimmt, verbraucht die eigenen Ressourcen in unverhältnismäßiger Weise. Gleiches gilt, wenn wir unser Leistungsvermögen aus Angst vor Überforderung unterschätzen. Und wer sich künstlich schont, verliert nicht nur zunehmend an Selbstvertrauen, sondern büßt letztlich auch Kräfte und Kompetenzen ein, wenn diese zu selten abgerufen werden.

Die beste Leistung können wir erbringen, wenn Anforderungen und Fähigkeiten in einem passenden Verhältnis zueinander stehen, so wie in Kapitel „Wie Flow entsteht" über das Flow-Modell beschrieben. Damit erleben wir nicht nur eine besonders gute Arbeitsqualität, sondern beugen auch krankmachendem Stress vor. Nicht unwichtig ist dabei das subjektive Gefühl von Kontrolle. Es geht also nicht nur darum, ob wir einer Aufgabe gewachsen sind, sondern auch darum, ob wir unsere Arbeitsprozesse verstehen und mitgestalten können.

All dies ist im Grunde Ausdruck eines guten Selbstmanagements. Das geschieht nicht immer bewusst, sondern ist vielmehr Ergebnis eines grundsätzlich selbst gesteuerten Verhaltens, das auf einer gesunden inneren Einstellung basiert. Das Schöne daran ist, dass es hier nicht unbedingt ein „Richtig" oder ein „Falsch" gibt, sondern dass wir unser Verhalten eigenhändig gestalten und mit Leben füllen können. Leicht ist es indes nicht immer. Denn wenn wir uns zu bestimmten Dingen bekennen, bedeutet das oftmals, im gleichen Atemzug Nein zu etwas anderem zu sagen. Selbstmanagement bedeutet auch, zu verstehen, dass wir nicht alles haben können, sondern uns immer wieder entscheiden müssen. Und jede Entscheidung hat natürlich auch ihren Preis. Ob sie wert ist, ihn zu zahlen, müssen wir schließlich selbst beurteilen.

Die Beziehungen meistern

Im dem Lebensbereich *Beziehungen* geht es vor allem um den Kontakt und das Verhältnis zu nahestehenden und geliebten Menschen, dem Lebenspartner, der Familie, den guten Freunden. Diese Lebenssäule bildet das soziale Gefüge des Menschen. Aber es ist mehr als das. Anselm Grün [17] sieht die Bedeutung von Beziehungen so: „Worum es eigentlich in unserem Leben geht, ist dies: fähig zu werden, unser eigenes Leben zu leben, damit es zu einer nährenden Quelle für andere wird" (Abb. 1).

Interessant ist, dass ein glückliches Erleben von Partnerschaft und Familienleben manch einen beruflich erfolgreichen Menschen vor Herausforderungen stellt. Das liegt nicht nur daran, dass hier andere „Spielregeln" gelten als im Job. Vielmehr bleibt nach einem vollen Arbeitstag oftmals viel zu wenig Zeit und Energie übrig, um dem Beziehungs- und Familienleben wirklich gerecht zu werden. Wie jede Lebensrolle will auch die Rolle als Partner oder Elternteil gelernt und gelebt werden. Doch die Erfahrung und das Selbstverständnis im Umgang damit entstehen nicht von allein. Sie sind das Ergebnis täglicher Auseinandersetzung und Übung. Und wenn dafür kein Raum bleibt, weil das berufliche Engagement alle verfügbaren Ressourcen beansprucht, dann ist es nur eine Frage der Zeit, bis ernsthafte Probleme entstehen.

Doch dies muss nicht so sein. Im Rahmen eines ganzheitlichen Selbstmanagements ist es unsere Aufgabe, die verschiedenen Lebensbereiche auszubalancieren. Das bedeutet, den Dingen in unserem Leben ihren angemessenen Platz zu geben. Dabei ist es hilfreich, sich immer wieder bewusst zu machen, was uns wirklich wichtig, was in unserem Leben wesentlich ist. Diese Einschätzung und die damit letztlich verbundenen notwendigen Entscheidungen kann uns niemand abnehmen. Sie müssen für sich selbst herausfinden, welche Rolle Partnerschaft und Familie in Ihrem eigenen Leben spielen sollen. Eines ist jedoch klar: Würden wir das gleiche Maß an Aufmerksamkeit, Entwicklungsbereitschaft und Engagement in unsere persönlichen Beziehungen investieren, wie wir dies im Beruf tun, dann wäre unser Privatleben glücklicher und erfüllter.

L. Baus, *Selbstmanagement: Die Arbeit ist ein ewiger Fluss*
DOI 10.1007/978-3-658-09593-2_27

Abb. 1 Die Beziehungen meistern

Ein ganz praktischer Aspekt ist, dass zum Beispiel Kommunikation und Interaktion beruflich und privat ganz unterschiedlich ablaufen. Während sie im Job eher diplomatisch ausgerichtet ist, wird die persönliche Kommunikation vorwiegend authentisch ausgeübt. Der Wechsel zwischen diesen verschiedenen Kommunikationsstilen ist nicht immer leicht zu bewerkstelligen. Hier kann eine gewisse Zeit des Übergangs (etwa die Fahrt zum Büro oder abends zurück nach Hause) helfen, sich auf die jeweils „andere Welt" innerlich einzustellen. Zu Hause spielt es auch eigentlich keine große Rolle, was wir in der Firma leisten oder welche wichtigen Funktionen wir innehaben. Entscheidend für das Miteinander dort ist, wie gut es uns gelingt, unsere privaten Rollen auszuüben, wie präsent, zugewandt und authentisch wir im täglichen Miteinander sind.

Raum für das Beziehungsleben

> Es ist lebenswichtig, in den Beziehungen zum anderen viel Raum für Wandel zu lassen. Zu solchen Änderungen kommt es in Übergangsphasen, in denen die Liebe tatsächlich reifen und sich ausweiten kann. Dann ist man in der Lage, den anderen wirklich zu kennen – ihn zu sehen, wie er ist, mit seinen Fehlern und Schwächen, ein menschliches Wesen wie man selbst. Erst in diesem Stadium ist man so weit, dass man sich ehrlich für den anderen entscheiden kann – ein wahrer Akt der Liebe.
> Dalai Lama

Gute Beziehungen brauchen Raum, in dem sie sich entwickeln können. Diesen Freiraum müssen wir uns bewusst schaffen und erhalten; von allein entsteht er nicht, wenn wir beruflich stark eingebunden sind. Gelingt es uns, die privaten Beziehungen entsprechend unserer Bedürfnisse zu pflegen, dann kann dies nicht nur eine Quelle für ein glückliches Miteinander und persönliche Erfüllung sein, sondern stärkt uns wiederum den Rücken für das berufliche Engagement. Das wird möglich, weil sich die Lebensbereiche in einem permanenten Wechselspiel miteinander befinden. Sie verändern sich nicht nur selbst ständig, sondern wirken auch aufeinander ein. Je mehr positive Energie in einem Lebensbereich entsteht, umso mehr strahlt das auch fördernd auf die anderen Bereiche aus.

Wie viel Raum Sie Ihren persönlichen Beziehungen geben möchten, hängt von Ihren Bedürfnissen und Werten ab. Für viele steht die Familie über allem, aber nicht jeder ist ein Familienmensch. Weil Menschen so unterschiedlich sind, gibt es auch keine allgemeingültigen Regeln, wie viel Zeit und Engagement in welchen Lebensbereich fließen sollen. Daher ist es ein regelmäßiger Bestandteil des Selbstmanagements, von Zeit zu Zeit die eigenen Lebensanforderungen und -bedingungen zu prüfen. Entsprechen sie dem, was Ihnen wichtig und wertvoll ist? Natürlich müssen wir alle auch Kompromisse bei der Lebensführung eingehen. Es wird kaum jemanden geben, der seine individuellen Bedürfnisse zu hundert Prozent umsetzen kann. Das ist schon in dem Augenblick nicht mehr möglich, wenn wir unser Leben mit anderen teilen. Aber Kompromisse zu machen muss nichts Schlechtes sein. Entscheidend ist, dass wir unser Leben bewusst gestalten und uns im Klaren darüber sind, warum wir die Dinge tun, die wir tun.

In der heutigen digital vernetzten Welt lösen sich die Grenzen zwischen Arbeit und Privatem zusehends auf. Der private Raum ist jedoch nicht nur wertvoll für uns, sondern auch schützenswert. Das bedeutet ganz konkret, dass wir lernen müssen, uns gegenüber dem Eindringen beruflicher Anforderungen in das Beziehungsleben abzugrenzen. Wir alle wissen, wie groß die Versuchung ist, am Wochenende zwischendurch mal E-Mails abzurufen, endlich in Ruhe die liegengebliebene Arbeit fertigzustellen oder abends schnell noch einen kurzen Termin wahrzunehmen. Und in wirklich wichtigen und dringenden Ausnahmesituationen – also in Notfällen – ist das auch kein Problem. Aber es darf nicht zur Gewohnheit werden und sollte eine bewusste Entscheidung bleiben.

Umgekehrt kann es auch ein Problem darstellen, wenn das Privatleben zu sehr in den Job drängt. Hier gilt ebenso: In Notfällen, wenn zum Beispiel der Partner oder die Kinder erkranken, ist es eine Selbstverständlichkeit, für die Familie erreichbar zu sein. Aber es ist nicht wirklich sinnvoll, während der Arbeitszeit mit dem Partner telefonisch die Einkaufslisten durchzugehen oder Internetrecherchen darüber anzustellen, welche Badezimmerfliesen gerade beim Baumarkt im Angebot sind. Letztlich muss das natürlich jeder für sich selbst entscheiden, aber je mehr sich Arbeit und Privates durchmischen, desto zerstreuter und gestresster werden wir und desto schwerer wird es uns fallen, unsere Aufmerksamkeit auf die Dinge zu richten, die entscheidend sind – egal ob beruflich oder privat.

Damit wir zwischen all den verschiedenen Lebensanforderungen und -rollen nicht den Kopf verlieren, kann es hilfreich sein, hin und wieder mal eine kleine Pause zu machen, durchzuatmen und sich zu orientieren: „Wo stehe ich gerade? Wie geht es mir? Was ist jetzt wichtig? Wie geht es weiter? Worum möchte ich mich heute noch kümmern? Was kann warten?“ Dies ist nicht nur im Beruf, sondern auch zu Hause eine gute Möglichkeit, um bewusster, fokussierter und ausgeglichener zu sein.

Wenn es zu Hause für Ihren Geschmack zu chaotisch läuft, können Sie Regeln einführen, damit Ihr Privatleben wieder mehr Struktur erhält. Verabreden Sie sich zum Beispiel zu einem bestimmten Zeitpunkt mit Ihren Kindern oder Ihrem Partner und nehmen Sie diese gemeinsamen Termine ernst. Wichtige Orientierungspunkte im privaten Tagesablauf sind gemeinsame Mahlzeiten. Sie können als regelmäßiges Ritual genutzt werden, um die Beziehungen zueinander zu pflegen und stärken. Oft sind dies die einzigen Momente, in denen alle zusammenkommen und sich austauschen können. Das gemeinschaftliche Essen sollte jedoch nicht als Plattform genutzt werden, um Probleme zu besprechen, sondern bietet vielmehr die Möglichkeit, zusammen eine gute Zeit zu erleben und Energie zu tanken. Problemgespräche finden besser außerhalb des Essens statt. Dann ist es nicht nur einfacher, sich darauf zu konzentrieren, sondern auch die Verdauung leidet nicht. Und wenn während des Essens das Telefon klingelt, kann der Anrufer auch ruhig einmal warten, bis Sie alle fertig sind.

Bindungen brauchen Zeit

Das Entstehen von tiefen Bindungen braucht Zeit. Unser Umgang damit verändert sich im Laufe der Biografie. Mit zwanzig Jahren haben wir naturgemäß ein anderes Verständnis von Partnerschaft, Freundschaft und Familie als mit fünfzig. Unsere Beziehungen werden im Laufe der Jahre ernsthafter und verlässlicher. Bekannte kommen und gehen, aber die Familie und einige wenige gute Freunde bleiben. Sie sind es, die uns durch unser Leben über die lange Strecke begleiten, die Anteil nehmen an unseren Freuden und Leiden, in guten und schlechten Zeiten. Wie wichtig sie für uns sind, vergessen wir leicht, wenn unser berufliches Engagement einen Großteil unserer Aufmerksamkeit und Energie fordert.

Phasenweise können wir stärker mit uns selbst beschäftigt sein und es fällt uns schwer, uns wirklich auf andere einzulassen. Wir brauchen dann eigene Zeit, um zur Ruhe zu kommen und uns unseren Fragen zu stellen. Auch solche Phasen gehören dazu und wollen durchlebt werden. Manchmal kann es in diesen Situationen trotzdem helfen, sich der Familie oder einem Freund mitzuteilen, damit sie verstehen können, warum man sich zurückzieht. Wenn es uns gelingt, uns zu öffnen und nahestehenden Menschen anzuvertrauen, können wir die wertvolle Erfahrung machen, dass wir auf Verständnis und Anteilnahme stoßen. Wir fühlen uns dann weniger isoliert und wir begreifen, dass wir nicht alles allein bewältigen müssen.

Um zu verstehen, wie wichtig der Lebensbereich Beziehungen ist, kann es sehr hilfreich sein, sich mit Menschen am Ende ihrer Karriere oder ihres Lebens zu unterhalten. Es ist lehrreich zu erfahren, wie sich im Laufe des Lebens Wertvorstellungen und Prioritäten ändern. Sie werden interessanterweise kaum einen alten Menschen finden, der sich wünscht, in seinem Leben mehr Zeit für die Arbeit gehabt zu haben. In der rückblickenden Erinnerung sind es überwiegend die persönlichen Begegnungen und Beziehungen, die den Wert des eigenen Lebens ausmachen, weniger die materiellen Errungenschaften oder beruflichen Erfolge. Dies sollte uns nicht nur zu denken geben, sondern kann auch ein wertvoller Hinweis darauf sein, was wirklich zählt. Wenn wir Menschen und Begegnungen, die uns etwas bedeuten, Zeit schenken, ist diese niemals verloren. Berufliche Beziehungskonstrukte können sich schnell und häufig ändern, die Kontinuität entsteht dagegen meist im Privaten.

Den Körper stärken

Unser *Körper* ist unser Zuhause, unsere Wohnung. Gutes Selbstmanagement bedeutet, dafür zu sorgen, dass diese Wohnung auch bewohnbar bleibt, ja mehr noch, dass wir uns darin wohl fühlen. Daher ist es für die Lebenszufriedenheit und -qualität von großer Bedeutung, dass wir Verantwortung für unser körperliches Wohlbefinden übernehmen und uns um unsere Gesundheit kümmern – nicht erst, wenn es zu spät ist.

Es gibt drei wesentliche Stellhebel, um unsere körperliche Gesundheit zu fördern:

- Ernährung,
- Bewegung und
- Schlaf.

Körperliche und geistige Arbeit verbraucht eine Menge Energie. Wenn unser Stoffwechsel aber nicht gut funktioniert, durch Bewegungsmangel und falsche Ernährung blockiert ist, kann uns der Körper diese Energie nicht in ausreichendem Maße zur Verfügung stellen. Das spüren wir auch, wenn wir krank sind. Dann fällt uns das Denken und Arbeiten schwerer und wir haben Probleme, uns zu motivieren. Das liegt daran, dass unser Körper seine Energie darauf verwendet, das Immunsystem zu versorgen.

Etwas für den eigenen Körper zu tun ist für jeden möglich. Das muss gar nicht viel sein, in der Regel reicht schon eine halbe Stunde pro Tag. Wenn Sie diese in Ihren Tagesablauf einbauen, werden Sie schon nach kurzer Zeit spüren, wie sich einerseits Ihr Wohlbefinden und Ihre Kondition, andererseits auch Ihre mentale Leistungsfähigkeit verbessern. Die neu gewonnene Energie wird Ihnen helfen, Ihre Tage frischer, leistungsfähiger und gesünder zu leben. In der Regel signalisiert uns der Körper seine Bedürfnisse von allein, wir müssen nur lernen, auf ihn zu hören. Wenn Sie häufig unter Rückenschmerzen, Gewichtsproblemen oder Infekten leiden, sich ständig müde oder unwohl fühlen, wird es höchste Zeit, in Bewegung zu kommen! Letztlich ist es unsere Entscheidung, ob wir uns abends vor den

L. Baus, *Selbstmanagement: Die Arbeit ist ein ewiger Fluss*,
DOI 10.1007/978-3-658-09593-2_28

Fernseher setzen oder lieber einen Spaziergang machen, ob das Wochenende nur aus Terminen besteht oder ob wir uns auch für uns selbst etwas Zeit nehmen.

Sich besser ernähren

Eine gute Ernährung hat mehr mit einem effektiven Selbstmanagement zu tun, als manche vielleicht denken. Der Grund ist einfach: Die Nahrung, die wir uns zuführen, ist Brennstoff für all unsere körperlichen und geistigen Aktivitäten, für unsere Lebensvitalität. Nicht umsonst sprechen wir von „Lebens-"Mitteln. Für viele Menschen jedoch stellt das Essen nur ein Sättigungsmittel, unter Umständen sogar ein Suchtmittel dar.

Die Bedeutung einer gesunden und in Ruhe verzehrten Mahlzeit kann gar nicht hoch genug eingeschätzt werden. Es ist doch eigenartig, dass das Essen über viele Jahrtausende ein so wichtiges und zentrales Element in allen großen Kulturen dargestellt hat und heute zumindest im Alltag zu einer unwichtigen Nebensache geworden ist, die man „to go" erledigt. Während zahlreiche Konsumenten erhebliche Summen für die Pflege ihrer Autos oder Unterhaltungselektronik ausgeben, wird am Essen gern gespart, manchen kann es gar nicht billig genug sein. Die Konsequenz ist dramatisch: Zivilisationserkrankungen wie Diabetes, Allergien, Herz- und Gefäßkrankheiten, Stoffwechselstörungen, Rheuma und sogar manche Krebserkrankungen können auch die Folge langjähriger Fehlernährung sein. Nicht zuletzt wird aber vor allem unsere Leistungsfähigkeit durch schlechtes, unregelmäßiges oder unmäßiges Essen beeinträchtigt.

Das geht auch anders. Anstatt die Nahrungsaufnahme als notwendiges Übel zu betrachten, können wir uns bewusst machen, dass unser Essen wirklich als Energielieferant dient. Nicht nur was wir essen ist dabei von Bedeutung, sondern auch wie wir es tun. Entscheidend ist, dass wir uns für die Nahrungsaufnahme Zeit nehmen und in Ruhe essen. Wollen wir uns wirklich achtsam auf das Essen einlassen und unsere Mahlzeiten auch tatsächlich schmecken und genießen, dann gehören Mobiltelefon, Computer oder Fernseher dabei ausgeschaltet. Auch Arbeitsbesprechungen, Problemdiskussionen oder Konfliktgespräche sollten nicht während des Essens stattfinden, weil sie dazu führen, dass wir beim Essen angespannt und abgelenkt sind. Hinzu kommt, dass eine Mahlzeit immer auch die Funktion einer Pause hat. Sie dient nicht nur der Aufnahme von Kohlehydraten, Eiweißen und Fetten, sondern auch der Entspannung (Abb. 1).

Die Natur hat jeden Menschen anders erschaffen. Daher macht es aus Sicht eines bedürfnisorientierten Selbstmanagements keinen Sinn, sich an populäre Diäten zu halten. Vielmehr muss jeder für sich herausfinden, was dem eigenen Organismus gut tut und was ihm schadet.

Natürlich wissen wir mittlerweile, dass es ungesund ist, zu rauchen, sehr fettig zu essen, Unmengen Schweinefleisch oder Zucker zu verzehren und Alkohol oder Kaffee im Übermaß zu trinken. Aber ob Sie nun mediterrane Küche, Steinzeitdiät oder Hausmannskost vorziehen, ist letztlich eine Frage Ihrer individuellen körperlichen Bedürfnisse und Voraussetzungen.

Ein Aspekt, der häufig unterschätzt wird, ist die Bedeutung des Trinkens. Die regelmäßige und ausreichende Zufuhr von Flüssigkeit ist nicht nur für die körperliche, sondern

Abb. 1 Sich besser ernähren

auch für die geistige Fitness wichtig. Denn unser Gehirn ist ebenso auf einen funktionierenden Stoffwechsel angewiesen wie der restliche Körper. Wenn wir zu wenig trinken, ist das Körpergewebe nicht ausreichend mit Flüssigkeit versorgt und mehr oder weniger dehydriert. Das führt dazu, dass die Kommunikation zwischen den Nervenbahnen und Zellen in Form von bioelektrischen Impulsen schlechter funktioniert. Einfach ausgedrückt können wir uns weniger gut konzentrieren, wenn wir Durst haben. Die allgemeine Empfehlung lautet, pro Tag wenigstens eineinhalb Liter Flüssigkeit in Form von Wasser, Tee oder Säften zu sich zu nehmen, eher noch mehr. Das können Sie ganz einfach bewerkstelligen, indem Sie sich zum Beispiel morgens eine Flasche Wasser oder eine Kanne Tee auf den Tisch stellen, die Sie bis zum Feierabend in kleinen Portionen leeren. So werden Sie von ganz allein daran erinnert, regelmäßig zu trinken, um Ihre Zellen in Form zu halten.

Natürlich ist im Alltag nicht immer ausreichend Zeit, um aufwendig zu kochen oder ausgedehnte Mahlzeiten zu sich zu nehmen. Doch auch einfaches Essen oder eine kurze Mahlzeit bieten die Möglichkeit, sich zu entspannen und aufzutanken. Entscheidend dabei ist, dass Sie sich bewusst auf den Moment einlassen und Ihr Essen genießen, selbst wenn es „nur" eine Currywurst ist. Wer beruflich viel unterwegs ist, hat vielleicht nicht immer die Möglichkeit, seine bevorzugten Speisen zu bekommen. Dann kann man entweder das Beste oder Gesündeste aus dem jeweils zur Verfügung stehenden Angebot wählen oder sein eigenes Essen mitbringen. Gerade im oft hektischen Außendienst ist es für die eigene Gesundheit und Leistungsfähigkeit sehr wichtig, regelmäßig Pausen zu machen und etwas Kleines zu sich zu nehmen.

Wenn wir lernen, Essen als Quelle für Energie und Kraft zu verstehen, wird es uns leichter fallen, einer Mahlzeit auch die gebührende Aufmerksamkeit zu widmen. So kann Essen Spaß machen und gut tun.

Praxis: Achtsam essen

Nicht nur, *was* wir essen ist wichtig. Die Art, *wie* wir unsere Mahlzeiten vertilgen, spiegelt häufig unseren Lebensstil wider. Wenn Sie sich das nächste Mal Ihr Abendessen zubereiten, versuchen Sie es doch einmal so:

- Geben Sie sich mit der Zubereitung Mühe.
- Decken Sie auch für sich selbst liebevoll den Tisch.
- Lassen Sie für die Mahlzeit Ruhe einkehren.
- Vielleicht möchten Sie leise Musik hören oder ziehen Stille vor.
- Besinnen Sie sich einen Moment, bevor Sie mit der Mahlzeit beginnen.
- Essen Sie jeden Bissen ganz bewusst und kauen Sie sorgfältig.
- Trinken Sie jeden Schluck einzeln und langsam.
- Schauen Sie sich die Speisen an: Wie sehen sie aus, welche Farben haben sie?
- Lassen Sie Ihre Sinneseindrücke zu und genießen Sie den Duft und Geschmack der Speisen.
- Seien Sie dankbar für diese Mahlzeit, betrachten Sie sie als Geschenk.
- Sehen Sie nicht nebenbei fern oder hören Radio. Telefonieren Sie nicht und lesen Sie nicht die Zeitung während des Essens.
- Führen Sie keine Konfliktgespräche oder Problemdiskussionen und reden Sie nicht über Arbeit.
- Lassen Sie sich für das Essen Zeit.
- Wenn Sie fertig sind, lassen Sie die Mahlzeit ruhig noch etwas nachwirken.

Wenn Sie Ihre Mahlzeit einmal so erlebt haben, möchten Sie wahrscheinlich auch zukünftig nicht mehr auf einen achtsamen Umgang mit Nahrung verzichten.

Für Bewegung sorgen

Bewegung dient dem Menschen als wirksamer Katalysator zur Bewältigung seiner Lebensumstände. Wie viele Stunden verbringen wir wohl täglich sitzend vor dem Computer, in Meetings, im Auto oder der Bahn, beim Essen oder auf dem Sofa? Der Mensch kann das zwar machen, aber der Mensch ist dafür nicht gemacht.

Gutes Selbstmanagement bedeutet, sich mit sich selbst Mühe zu geben, und ausreichende Bewegung gehört einfach dazu. Dabei ist es gar nicht entscheidend, welche Form der Bewegung Sie wählen, solange sie Ihnen Freude macht. Sie können Fahrradtouren unternehmen, surfen, wandern oder Schwimmen gehen, Golf oder Volleyball spielen.

Abb. 2 Für Bewegung sorgen

Ganz gleich, welche Aktivität Ihnen am besten gefällt, gehen Sie es in jedem Fall locker an. Denn Bewegung in der Freizeit hat ja gerade die Funktion, einen Ausgleich zu dem permanenten Leistungsdruck im Job zu schaffen (Abb. 2).

Besonders geeignet als Abwechslung zu einem anstrengenden Beruf sind Sportarten, bei denen man nach einer Weile in einen entspannten Rhythmus kommt, sodass die Bewegungen fast automatisch ablaufen. Beim Laufen, Schwimmen oder Radfahren etwa geschieht dies von ganz allein. Dadurch lockert sich nicht nur der Körper, sondern Sie können auch Ihren Gedanken freien Lauf lassen. Das Gehirn kann die vielen aufgenommenen Informationen währenddessen verarbeiten und so manches Problem löst sich dabei vollkommen eigenständig. Manche geraten dabei sogar in eine Art meditativen Zustand, in dem die Seele einmal richtig baumeln kann.

Wichtig ist, dass Sie sich beim Sport nicht überfordern und lieber langsam mit dem Training beginnen. Sie können Ihr Trainingsprogramm dann spielerisch von Woche zu Woche erweitern und langsam die passende Kondition aufbauen. Ideal ist, wenn Sie zwei- bis dreimal in der Woche ca. 30 bis 90 min sportlich aktiv sind. Natürlich können Sie auch verschiedene Sportarten miteinander kombinieren, ganz wie es Ihnen Spaß macht und gut tut. Je mehr Abwechslung, umso besser – solange es nicht in Stress ausartet.

Mehr Sinnlichkeit erleben

Obwohl wir täglich mit Tausenden von Sinneseindrücken bombardiert werden, empfinden nicht wenige Menschen ihr Leben als unsinnlich. Woran liegt das? Gerade die tägliche Reizüberflutung ist eine der Hauptursachen dafür, dass sich unsere Sinne zunehmend verschließen. Das ist eine Schutzfunktion, die uns vor Überreizung bewahrt. Hinzu kommt, dass sich viele zwischenmenschliche Prozesse und Aktivitäten ins Virtuelle verlagert haben. Das hat eine Reduktion der Sinnesebenen auf das Audiovisuelle zur Folge.

Sinneseindrücke aus dem realen Kontakt zu Natur und Umwelt werden zunehmend seltener. Wir bewegen uns immer mehr in abgeschotteten, klimatisierten und künstlich beleuchteten Räumen, die wenig von der Außenwelt hereindringen lassen. All dies führt dazu, das unsere Sinne zwar einerseits durch Information und Kommunikation, Architektur, Technik und Verkehr permanent überreizt werden, auf der anderen Seite aber immer weniger natürliche Eindrücke aufnehmen.

Auch unsere Nahrung wird durch die vielen Geschmacksverstärker und Zusatzstoffe immer komplexer – mit der Folge, dass wir immer weniger schmecken, weil unser Gaumen und unsere Zunge permanente Geschmacksattacken gewohnt sind. Der aromatische Eigengeschmack von einem guten Stück Fleisch oder einem frischen Gemüse reicht vielen heute nicht mehr. Es muss in jedem Fall zumindest Ketchup drauf, damit es nach etwas schmeckt.

Wie können wir nun wieder mehr Sinnlichkeit in unser Leben bringen? So paradox es klingt – indem wir uns weniger Sinneseindrücken aussetzen. Vor allem ist wichtig, sich gewünschten Sinnesfreuden bewusster zuzuwenden und sich gegenüber Reizüberflutung effektiver zu schützen.

Das können wir anhand eines einfachen Experiments überprüfen. Essen Sie zum Beispiel einmal für zwei bis drei Wochen konsequent keinen Zucker und keine gezuckerten oder gesüßten Speisen. Das ist zwar ungewohnt und auch nicht leicht durchzuhalten, aber Sie werden feststellen, dass sich Ihre Geschmacksnerven in dieser Zeit erholen. Nach dieser „Miniaskese" werden Ihnen normal gesüßte Speisen viel zu süß vorkommen und vielleicht sogar gar nicht mehr schmecken. Auch werden Sie feststellen, dass die natürliche Süße von Früchten oder Brot ganz wunderbar schmecken kann. Das ist Ihnen vorher vielleicht gar nicht aufgefallen, weil Ihre Geschmacksnerven eine viel höhere Zuckerdosis gewöhnt waren.

Dieses Prinzip lässt sich auf alle sinnlichen Aspekte unseres Lebens übertragen: Durch gezielte Reduktion von Sinneseindrücken können wir wieder viel intensiver riechen, schmecken, sehen, fühlen und hören. Weniger ist hier also tatsächlich mehr (Abb. 3).

Durch Achtsamkeitstraining können Sie zudem lernen, sich selbst und Ihre Umgebung sinnlicher wahrzunehmen. Dies können Sie gut im Alltag praktizieren, indem Sie hin und wieder innehalten und sich fragen: „Wie fühle ich mich? Was spüre ich gerade? Was neh-

Abb. 3 Mehr Sinnlichkeit erleben

me ich wahr?" Auf diese Weise können Sie üben, sich vollkommen auf den Geschmack eines guten Weins, den wunderbaren Duft einer Blume oder das Gefühl von feuchtem Gras unter Ihren nackten Füßen einzulassen. Vielleicht haben Sie ja auch Lust, statt einer E-Mail einmal wieder einen richtigen Brief mit Füllfederhalter und Tinte zu schreiben. Oder Sie verbringen einen ganzen Tag ohne Computer, Handy und Fernsehen. Es gibt viele Möglichkeiten, dem eigenen Leben wieder mehr Sinnlichkeit zu verleihen.

Natürliche Entspannung finden

Viele von uns setzten sich nicht nur bei der Arbeit, sondern auch in der Freizeit zu sehr unter Druck. Der Anspruch, aus dem eigenen Leben das Maximale herauszuholen, führt zu einer permanenten Grundanspannung. Hinzu kommt ein chronischer Bewegungsmangel, denn ein großer Teil der Freizeit wird mittlerweile im Sitzen vor dem Computer oder Fernseher verbracht. Die Folgen für den Körper sind zunehmende Verspannungen und Schmerzen, der Geist wird unruhig und zerstreut. Was im Leben vieler Menschen fehlt, ist eine natürliche Form der Entspannung, die selbstverständlicher Teil des Alltags sein sollte.

Dies kann auf zwei Arten geschehen: durch aktive Entspannung und Lockerung in Form von Bewegung oder mit passiver Entspannung durch Ruhemomente. Natürlich können dazu die verschiedensten Methoden genutzt werden wie Meditation, Atemübungen, Massagen usw. Natürliche Entspannung kann aber auch ganz unaufwendig zwischendurch geschehen, wenn wir es zulassen. Oftmals müssen wir dazu nicht mehr tun, als auf unseren Körper zu achten. Warum legen wir nicht einfach eine kleine Pause ein und ziehen uns an einen ruhigen Ort zurück, wenn wir müde werden? Wenn wir dann dort genüsslich einen Tee trinken oder ein Stück Obst essen oder einfach nur dasitzen, kann das schon Erholung pur sein. Vielleicht haben Sie aber auch Lust, ein paar Dehnungs- oder Atemübungen zu machen, um aufzutanken. Das liegt ganz bei Ihnen.

Welche Form der Entspannung Ihrem Körper am besten bekommt – aktiv oder passiv –, hängt unter anderem davon ab, wie Ihr Tag abläuft. Wer sich bei der Arbeit körperlich sehr anstrengt, braucht abends Ruhe. Wer aber den Tag vorwiegend im Sitzen mit Kopfarbeit verbringt, sollte sich nach Feierabend bewegen, um für den Körper einen gesunden Ausgleich herzustellen.

Praxis: Muskelanspannung und Muskelentspannung

Eine einfache und sehr wirkungsvolle Methode ist die progressive Muskelentspannung nach Edmund Jacobson. Sie ist auch gut geeignet, um die Aufmerksamkeit und das Körperbewusstsein zu trainieren. Der Ansatz dabei ist, dass wir das Entspannen eines Muskels besser wahrnehmen können, wenn wir ihn vorher bewusst anspannen. Zudem wird die Entspannung noch zusätzlich in einer zweiten Stufe vertieft, sodass wir wirklich zu einer vollständigen Entspannung gelangen können. Die Methode kann im Sitzen oder Liegen durchgeführt werden. Nach und nach werden einzelne Körperteile für einige Sekunden gezielt angespannt, anschließend entspannt und schließlich die Entspannung noch einmal bewusst vertieft. Und so funktioniert die progressive Muskelentspannung:

1. Konzentrieren Sie sich auf einen Körperteil (zum Beispiel eine Hand) und spannen diesen zunächst ganz gezielt an (Faust machen). Die *Anspannung* wird für ca. sieben Sekunden gehalten (wenn Sie bis zehn zählen, entspricht das ungefähr dieser Dauer). Atmen Sie dabei ruhig und gleichmäßig weiter.
2. Danach folgt die *Entspannung* (Hand öffnen, loslassen), ebenfalls für die Dauer von etwa sieben Sekunden. Fühlen Sie bewusst, wie die Anspannung aus den Muskeln weicht.
3. Auf die Entspannung folgen weitere sieben Sekunden *Vertiefung*, bei der mit jedem Ausatmen weitere Spannung von dem betreffenden Körperteil abfällt, bis dieser schließlich vollständig entspannt ist.

Dieser Ablauf wird dreimal wiederholt. Die progressive Muskelentspannung kann in Form einer Körperreise (vom Scheitel bis zum Zeh) nacheinander auf alle Muskeln angewendet werden. Sie können sich aber zunächst auch einfach nur auf einzelne Körperteile konzentrieren, zum Beispiel auf Hände und Füße.

Schlaf und Ruhe finden

Der Schlaf ist die wichtigste Regenerationszeit für unseren Körper und unser Gehirn. Während wir unseren Träumen folgen oder einfach nur daliegen, passieren viele Dinge, die unsere Gesundheit entscheidend beeinflussen. Einer der wichtigsten Faktoren dabei ist die Arbeit des Immunsystems, das sich in der Nacht unter anderem den Zellreparaturprozessen widmet und für eine effektive Krankheitsbewältigung sorgt. Auch der Stoffwechsel und viele Organfunktionen werden in der Nacht wieder in Form gebracht. Neben den physischen sind die psychischen Prozesse ebenfalls auf eine längere Ruhepause angewiesen. So ist die Schlafenszeit vor allem auch die Zeit des Unterbewusstseins, das uns dabei unterstützt, all die tagsüber aufgenommenen Sinneseindrücke und Informationen zu verarbeiten. Dabei wird auch vieles aussortiert, was für uns nicht relevant ist. Zugleich arbeitet das Gehirn daran, Lösungen für offene Fragen oder Probleme zu finden. Im Schlaf findet also in gewisser Hinsicht eine Art psychischer Hygiene statt, die es uns ermöglicht, am nächsten Tag wieder einen klaren Kopf zu haben. All dies setzt voraus, dass der Mensch ein Mindestmaß an gesundem Schlaf findet. Mangelt es daran über eine längere Zeit, stellen sich nicht nur Konzentrationsprobleme und Unwohlsein ein, sondern die körperliche und geistige Gesundheit werden ernsthaft beeinträchtigt.

Das richtige Maß an Schlaf in einer guten Qualität zu finden ist in der heutigen Zeit jedoch für viele Menschen gar nicht so einfach. Wie viel Schlaf brauchen wir eigentlich? Das kann von Mensch zu Mensch deutlich variieren. Es kann davon ausgegangen werden, dass ein Schlafbedürfnis von etwa sechs bis neun Stunden normal ist – je nach individueller Konstitution. Bei einer Schlafdauer, die deutlich darunter oder darüber liegt, sind, über einen längeren Zeitraum betrachtet, gesundheitliche Beeinträchtigungen nicht auszuschließen. Es ist nicht ungewöhnlich, vorübergehend nicht gut schlafen zu können, vor allem in Zeiten starker Stressbelastung, bei Problemen und Störfaktoren, einem unregelmäßigen Tagesablauf, nach Alkoholgenuss oder opulenten späten Mahlzeiten. In der

Regel holt sich der Körper den fehlenden Schlaf in den nachfolgenden Nächten zurück – vorausgesetzt, die Beeinträchtigungen sind abgestellt.

Wenn aber die Schlafqualität und -dauer regelmäßig beeinträchtigt ist, sollte ärztlicher Rat eingeholt werden. Es kann verschiedene medizinische Ursachen für Schlafprobleme geben, etwa einen gestörten Hormonhaushalt oder erhöhten Blutdruck. In den meisten Fällen jedoch haben die Schlafstörungen mit unserem Lebensstil zu tun. Grob gesagt gilt folgende Regel: Wir schlafen so, wie wir unsere Tage verbringen, und wir verbringen unsere Tage so, wie wir schlafen.

Das bedeutet, auf einen sehr unruhigen stressigen Tag ohne Ruhepausen und regelmäßige Mahlzeiten folgt häufig eine ebenso unruhige Nacht. Die fehlende Regeneration macht sich am folgenden Tag durch Müdigkeit, Konzentrationsprobleme und Empfindlichkeit bemerkbar. Dies führt dazu, dass wir den nachfolgenden Tag stressiger erleben, als er eigentlich ist. In der Folge schlafen wir wieder schlecht usw. Dieser Teufelskreis kann unterbrochen werden, indem wir unseren Tagen mehr Struktur geben und dem Körper und Gehirn ausreichend Ausgleich verschaffen, um die Belastungen zu kompensieren. Nach einem in geistiger Hinsicht intensiven, körperlich aber recht unbewegten Tag kann es zum Beispiel gut tun, abends eine Runde laufen zu gehen, um dem Körper einen Bewegungsausgleich und dem Kopf Entspannung zu verschaffen.

Interessant ist auch, dass unser Gehirn nach der Aufnahme von anregenden Informationen am Abend noch etwa zwei bis drei Stunden benötigt, um zur Ruhe zu kommen. Wenn Sie also um 22:30 Uhr noch E-Mails bearbeiten, ist es nicht erstaunlich, dass Sie nachts um eins noch wach im Bett liegen.

Körperlich und geistig aktive (aber nicht zu stressige) Tage mit regelmäßigen Pausen und guter Ernährung, sowie entspannte Abende zum Ausklang sind das beste Rezept für eine erholsame Nachtruhe. Nicht immer verläuft unser Leben jedoch auf diese Weise. Aber je mehr wir dafür Sorge tragen, dass die Dinge im Tagesablauf ihren angemessenen Platz bekommen, umso besser wird es uns gelingen, abends genüsslich in die Kissen zu sinken und am nächsten Morgen erholt und fit wieder in den Tag zu starten.

Ausgleich schaffen

Der Lebensbereich *Ausgleich* erfüllt die wichtige Funktion, eine Art Gegenpol zur Arbeit und zur Familie zu bilden, damit wir uns außerhalb des Jobs oder Familienkreises auch einmal auf andere Art erleben können. Dies kann beim Ausüben von Hobbys oder gemeinsamen Aktivitäten mit Freunden geschehen oder auch bedeuten, dass wir Zeit mit uns allein verbringen (Abb. 1).

Sinn der Freizeit ist es, dass Sie sich von den Anstrengungen des Alltags erholen und ganz Sie selbst sind, losgelöst von den beruflichen oder familiären Rollen. Wenn wir Ausgleichszeiten allein verbringen, können wir Eigenzeit erleben und die Dinge auf unsere ganz persönliche Art und in unserem individuellen Tempo tun. Das ist eine sehr wohltuende Erfahrung. Teilen wir die Freizeit mit Freunden, stärken wir nicht nur unser soziales Umfeld, sondern erleben authentische und verlässliche, von beruflichen Leistungsanforderungen und familiärerer Verantwortung befreite Beziehungen. Dabei können wir uns entspannen und auftanken.

Freundschaften pflegen

> Dort, wo Freunde sind, entsteht Heimat.
> Anselm Grün

Wie wichtig gute Freunde sind, merken wir manchmal erst, wenn wir sie brauchen. In der Lebensphase zwischen dreißig und fünfzig Jahren wird ein großer Teil unserer Zeit durch die Arbeit und das Beziehungs- oder Familienleben beansprucht. Vielen Menschen fällt es schwer, in dieser vielbeschäftigten Lebensphase ausreichend Zeit für Freunde zu finden, zumal diese nicht selten weit entfernt leben und häufig ebenfalls beruflich und familiär stark eingebunden sind. Natürlich ist klar, dass es so gut wie unmöglich ist, permanent allen Lebensbereichen vollständig gerecht zu werden. Und eine gute Freundschaft kann es

L. Baus, *Selbstmanagement: Die Arbeit ist ein ewiger Fluss*,
DOI 10.1007/978-3-658-09593-2_29

Abb. 1 Mehr Ausgleich schaffen

auch verkraften, wenn man sich vorübergehend seltener sieht. Aber auf Dauer funktioniert Freundschaft nur, wenn wir uns auch dafür engagieren.

Letztlich ist es eine Frage der persönlichen Prioritäten und Bedürfnisse, wie viel Zeit wir mit Freunden verbringen wollen oder können. Aber nicht nur, wer beruflich sehr engagiert ist, sondern auch, wer den ganzen Tag zu Hause durch Kindererziehung, Haushalt und Familienleben gefordert wird, braucht zwischendurch Kontakt zu vertrauten Menschen außerhalb der Familie. Das tut gut und hilft bei der Bewältigung von Herausforderungen. Letztlich sind gute Freunde auch ein wichtiger Teil unserer selbst; über die Jahre entsteht eine tiefe Verbundenheit, die länger währt als so manche berufliche oder partnerschaftliche Beziehung. Freundschaften geben uns die Möglichkeit, wichtige Lebensereignisse und Gefühle zu teilen, Freud und Leid gleichermaßen. Und sie geben uns auch die Möglichkeit, für andere da zu sein – dies ist eine nicht weniger wertvolle Erfahrung.

Es ist nicht wichtig, möglichst viele Freunde zu haben. Einige wenige authentische Beziehungen, auf die wir uns verlassen können, sind mehr als genug. Überprüfen Sie doch einmal Ihr persönliches Umfeld: Auf welche Freundschaften können Sie wirklich zählen? Mit wem möchten Sie Ihre persönlichen Erlebnisse teilen, für wen möchten Sie selbst gern da sein? Je vielfältiger unsere Freundschaften sind, desto besser! Es ist gut, wenn die Freunde anders sind als wir, das macht die Beziehung nicht nur interessanter, sondern wir können uns auch durch unsere Verschiedenartigkeit gegenseitig bereichern.

Es gibt Freundschaften, die uns ein ganzes Leben begleiten können, und solche, die vielleicht nur an einen bestimmten Lebensabschnitt gekoppelt sind. Ist dieser vorbei, kann es passieren, dass man sich außerhalb der gemeinsamen Erlebnisse aus dieser Zeit nicht mehr viel zu geben hat. So wichtig es ist, gute Freunde zu haben, muss man sich auch lösen können, wenn eine Freundschaft keinen Bestand mehr hat. Das kann viele Gründe haben. Manche Freundschaften durchlaufen auch mehr oder weniger intensive Phasen, sie sind vorübergehend enger und dann wieder lockerer. Je älter wir jedoch werden, umso mehr entwickeln wir ein Bedürfnis nach kontinuierlichen, verlässlichen Bindungen. Wir schließen nicht mehr so leicht Freundschaften wie in unserer Jugend, geben sie aber auch nicht mehr so leicht auf. Doch auch im fortgeschrittenen Alter ist es nie zu spät, um neue Beziehungen einzugehen, und selbst „eingeschlafene" Freundschaften können mit ein bisschen Engagement wieder aufgefrischt werden. Machen Sie doch einfach den ersten Schritt!

Ein gutes Netzwerk aufbauen

Ein gutes soziales Netzwerk stellt einen weiteren wichtigen Baustein im Selbstmanagement dar. Neben den engen persönlichen Freundschaften gibt es in unserem Leben auch eine ganze Reihe lockerer Beziehungen zu Bekannten, Nachbarn, Freunden von Freunden usw. Diese bilden das erweiterte soziale Netzwerk. Es kann im Leben bisweilen sehr hilfreich sein, über ein funktionierendes persönliches Netzwerk zu verfügen, allerdings steigen mit zunehmender Anzahl von Kontakten auch die Komplexität und der Kommunikationsaufwand. Einige Menschen ziehen gerade daraus viel Energie, andere fühlen sich eher überfordert. Es ist letztlich eine Frage der persönlichen Bedürfnisse und Lebensbedingungen, wie viel Zeit und Energie man in das eigene soziale Netzwerk investieren möchte. Das richtige Maß muss jeder für sich selbst bestimmen.

Ein Faktor, den wir bei der Pflege eines umfangreichen sozialen Netzwerks jedoch nicht unterschätzen sollten, ist die Zeit und Energie, die dadurch in Anspruch genommen werden. Aus Sicht des Selbstmanagements ist es sinnvoll, sich zu überlegen, wie viel wir investieren wollen.

Der Grundgedanke eines Netzwerks ist das freiwillige Teilen. Wer möchte, bringt etwas ein oder unterstützt andere. Einen Anspruch darauf gibt es nicht. Wie stark das Engagement ausfällt, kann jeder selbst entscheiden. Ein soziales Netzwerk ist nicht dafür da, Erwartungen zu bedienen oder Probleme zu lösen, auch wenn dies bisweilen geschehen kann. Es kann also sein, dass Sie viel in ein Netzwerk hineingeben, aber nur wenig zurückbekommen – oder umgekehrt. Der besondere Wert eines guten sozialen Netzwerks liegt in seiner Vielfältigkeit. Deswegen sollte es nicht unbedingt mit dem beruflichen identisch sein, auch wenn es Überschneidungen geben kann.

Die einfache Möglichkeit der Vernetzung mit Menschen in aller Welt durch die digitalen Netzwerke ist ein zweischneidiges Schwert. Einerseits kann es eine unglaubliche Bereicherung darstellen, so leicht in Kontakt zu kommen, in anderer Hinsicht aber führt gerade die niedrige Eingangsschwelle zu einer nur schwer steuerbaren Informationsflut. Das hat dazu geführt, dass sich Menschen, die ihre Zeit bewusster nutzen, teilweise wieder aus den digitalen sozialen Netzwerken zurückgezogen haben.

Ein Netzwerk sollte regelmäßig gepflegt werden, damit es funktioniert. Haben Sie zu wenig Zeit für gemeinsame Treffen, helfen Telefonate oder elektronische Nachrichten, den Kontakt aufrecht zu halten. Wichtig ist, sich auch mal ohne Anlass zu melden.

Dem Leben Sinn geben

> Der eigentliche Sinn unseres Lebens besteht im Streben nach Glück. An welche Religion ein Mensch auch glaubt, er sucht nach etwas Besserem im Leben. Ich glaube, dass Glück durch Schulung des Geistes erlangt werden kann.
> Dalai Lama

Ein zentraler, wenngleich nicht immer augenfälliger Faktor in einem ganzheitlichen Selbstmanagement ist der Lebensbereich *Sinn*. Hier finden sich unsere Wert- und Glaubensvorstellungen, unsere Spiritualität und das Weltbild, das uns leitet. Unser Verständnis davon hat entscheidenden Einfluss auf unser Denken, Handeln und Fühlen. Dieser Lebensbereich spielt eine wichtige Rolle, wenn es darum geht, nach einem Leitprinzip zu leben (Abb. 1).

Die Auseinandersetzung mit Sinnfragen ist elementarer Bestandteil eines bewusst geführten Lebens. Ob es sich dabei um religiös geprägte Glaubensvorstellungen, ein atheistisches Weltbild oder philosophische Sichtweisen handelt, ist eine Frage der persönlichen Prägung, Erziehung, Vorlieben und Erfahrungen. Spätestens ab der Lebensmitte, in vielen Fällen auch früher, werden wir durch die Lebensereignisse immer häufiger vor Herausforderungen gestellt. Wer in seinem Leben einen Sinn gefunden hat, kann sie besser bewältigen.

Stille und Einkehr erleben

> Was vor uns liegt und was hinter uns liegt, sind Kleinigkeiten zu dem, was in uns liegt. Und wenn wir das, was in uns liegt, nach außen in die Welt tragen, geschehen Wunder.
> Henry David Thoreau

Eine wichtige Voraussetzung, um sich mit Sinnfragen beschäftigen zu können und Spiritualität zu erleben, ist die Möglichkeit, Stille zu erfahren. Erst in der Stille kommen unsere angestrengten Alltagsgedanken zur Ruhe und unser Geist kann sich Tiefergehendem

L. Baus, *Selbstmanagement: Die Arbeit ist ein ewiger Fluss*,
DOI 10.1007/978-3-658-09593-2_30

Abb. 1 Dem Leben Sinn geben

öffnen. Während wir in unserem betriebsamen Alltag häufig gezwungen sind, unsere Aufmerksamkeit auf äußere Vorgänge und Ereignisse zu richten, bieten uns stille Momente die Chance, den Blick nach innen zu richten und Einkehr zu erleben.

Obwohl Spiritualität im Alltagsgeschehen der westlichen Industrienationen in den vergangenen Jahrzehnten an Bedeutung verloren hat, gehört sie in anderen, teils Jahrtausende alten Kulturen zum täglichen Leben dazu, etwa in Asien. Allerdings kennen auch in den abendländischen Kulturen wieder zunehmend mehr Menschen das Bedürfnis nach einer inneren Orientierung. Das ist nicht verwunderlich, denn Verbundenheit und Zugehörigkeit zu spüren ist ein inneres Bedürfnis des Menschen. Dieses Bedürfnis lässt sich nicht durch Arbeiten oder Konsumieren stillen, es will auf andere Art gelebt werden.

Hin und wieder gelangen wir im Lebensgang an einen Punkt, an dem wir spüren, dass in unserem Leben größere Kräfte wirken, als wir erfassen können. Zu begreifen, dass wir Teil eines unendlichen großen Gefüges sind, das sich ständig verändert, vergeht und wieder erneuert, ist elementar für das Selbst- und Weltverständnis. Entscheidend ist dabei nicht, welchen Namen wir diesem großen Ganzen geben, sondern welche Schlüsse wir daraus ziehen: „Was zählt im Leben? Wie verstehe ich meine Rolle in der Welt?" Diese Fragen lassen sich leichter beantworten, wenn wir zu einem Grundverständnis des Lebens gelangt sind.

Dies kann – das ist das Wunderbare daran – auf viele verschiedene Arten geschehen und ist letztlich Ausdruck nicht nur der eigenen Persönlichkeit und Prägung, sondern auch der

Abb. 2 Stille und Einkehr erleben

Kultur, der wir entstammen. Ganz praktisch gesehen aber bedeutet es, dass wir in unserem Alltag auch Raum dafür schaffen müssen. In jedem Tagesablauf sollte es Momente der Stille und Einkehr geben; das kann frühmorgens nach dem Aufstehen sein, zu bestimmten Tageszeiten oder abends vor dem Schlafengehen. Ob Sie dabei beten, meditieren, nachdenken oder einfach nur zur Ruhe kommen, bleibt Ihnen selbst überlassen (Abb. 2).

Wenn Sie solche Augenblicke in Ihren Alltag integrieren, werden Sie schon bald die Erfahrung machen, dass Ihnen das nicht nur gut tut, sondern dass sich Ihr Leben auch anders anfühlt. Sie werden nicht nur mehr bei sich sein, sondern sich auch fokussierter und verbundener mit Ihrer Umwelt fühlen. Das ist ganz im Sinne eines guten Selbstmanagements.

Einen Sinn erkennen

„Wo komme ich her? Was ist meine Aufgabe? Wo führt mein Leben hin?" Von Zeit zu Zeit ist es gut, innezuhalten und sich solche Fragen zu stellen. Nur wer sich und sein Leben auch hinterfragt, lebt wirklich bewusst. Letztlich läuft es häufig auf die eine große Frage hinaus: „Was ist der Sinn des Lebens?" Ideen dazu hat es im Verlauf der Menschheitsgeschichte viele gegeben. Die Naturwissenschaften, die Religionen, die Philosophie oder die Psychologie haben verschiedene Antworten darauf, ebenso die unterschiedlichen Kulturen auf dieser Erde. Anstatt weitere Versuche zu unternehmen, können wir die Frage vielleicht etwas konkretisieren: „Was verleiht meinem Leben Sinn?" Es ist keine leichte, aber doch eine wunderbare Aufgabe, dies herauszufinden.

Wie kann das geschehen? Der Benediktinermönch und Zen-Meister Willigis Jäger [22] ist der Auffassung, der Sinn des Lebens bestünde darin, „ganz Mensch" zu sein. Damit meint er, ganz zu dem zu werden, was in einem angelegt ist. Vergleichbar mit einem Samen, der zu einer ganz bestimmten Blume wird. Dies ist eine schöne Vorstellung und passt gut zu dem Verständnis eines bewussten Selbstmanagements: mich selbst auf eine Weise zu führen, dass ich ganz zu dem werden kann, was in mir angelegt ist. So zu handeln und zu entscheiden, dass ich ganz Mensch bin. Finden Sie doch einmal heraus, was genau diese Aussage für Sie selbst bedeutet: ganz Mensch sein. Was gehört für Sie dazu, welche Werte und Prioritäten, welches Verhalten ergibt sich daraus?

Eine andere Sichtweise entspricht dem Grundgedanken des ganzheitlichen Selbstmanagements: dass der Sinn des Lebens das Leben selbst ist. Es einfach zu leben und dankbar dafür zu sein, diese Chance zu haben, mag für Einige vielleicht etwas banal klingen, aber es ist so: Den Wert des Lebens an sich begreifen wir erst, wenn unser Leben oder das von geliebten Menschen bedroht oder in Frage gestellt wird. Dann wird uns auf einmal klar, wie wichtig es für uns ist, überhaupt leben zu dürfen.

Diese Erkenntnis lässt uns auch den Alltag anders erleben. Wenn wir verstehen, das jeder Tag, den wir ohne Schmerzen, schwere Schicksalsschläge, Krankheit oder Leid verbringen dürfen, ein echtes Geschenk ist, fällt es uns leichter, das tägliche Leben mit all seinen Banalitäten mehr zu würdigen. Denn die Qualität eines Lebens wird nicht nur durch die exotischen Urlaube oder grandiosen Feste spürbar, sondern auch und gerade im Alltag, beim Arbeiten, Essen, Schlafen, beim Zusammensein mit Familie und Freunden und in der Zeit, die wir mit uns selbst verbringen. Morgens aufstehen, duschen, frühstücken, zur Arbeit gehen, ein schöner Kaffee zwischendurch, abends nach Hause kommen, kochen, zusammen sein, ausruhen – das alles ist Lebenssinn.

Glück und Zufriedenheit

> Wenn wir das Gefühl unserer eigenen Wichtigkeit abbauen, dann verlieren wir nichts anderes als einen Parasiten, der unseren Geist schon seit langem befallen hat. Das, was wir dadurch gewinnen, nennt man Freiheit, Öffnung des Geistes, Spontaneität, Einfachheit, Nächstenliebe und viele andere Eigenschaften, die dem Glück innewohnen.
> Matthieu Ricard

Die Vorstellung, ständig glücklich sein zu wollen, macht wahrscheinlich unglücklich. Wie so vieles in unserem Leben lässt sich das Glück ebenso wenig festhalten wie gezielt herbeiführen. Man kann nicht trainieren, glücklicher zu sein, und es gibt auch keine magische Formel, um Glück heraufzubeschwören. Es ereignet sich einfach. Oder auch nicht. Wer glücklicher sein möchte, kann etwas dafür tun, indem er sich für den Wert der einfachen und kleinen Dinge öffnet. Interessanterweise benötigt das Glück keine opulenten Rahmenbedingungen, sondern kommt auch mit wenig aus. Der Benediktinerpater Anselm Grün [17] sagt dazu: „Überall wo wirklich Leben ist, ist auch eine Spur von Glück."

Vielleicht ist Zufriedenheit schon eine gute Voraussetzung, um öfter glücklich zu sein. Zufriedenheit stellt sich ein, wenn wir im Wesentlichen so leben können, wie es unseren Bedürfnissen entspricht (nicht unbedingt unseren Ansprüchen). Je einfacher die sind, umso leichter erleben wir Zufriedenheit. Das ist auch eine Frage der inneren Haltung: „Wie motiviert bin ich, Dinge zu gestalten, auf die ich Einfluss habe? Wie gut gelingt es mir, anzunehmen, was sich nicht ändern lässt? Wie gut kann ich mich dem Lebensfluss anvertrauen?"

Zufriedenheit stellt sich auch ein, wenn unser Leben im Gleichgewicht ist, wenn die Dinge ihren angemessenen Platz haben. Wir erleben unsere Tage dann harmonischer und fühlen uns mehr zu Hause in unserem Leben. Das ist nicht zuletzt auch das Ergebnis eines guten Selbstmanagements.

Das Glück kommt (und geht) oft spontan: eine Begegnung im Café, ein überraschender Anruf, ein Sonnenaufgang im Herbst, ein berührender Song, ein verspielter Hund… Entscheidend ist, die besonderen Momente im Leben zu erkennen und zu genießen – das ist Glück. Und das können wir tatsächlich üben. Wahr ist, dass fast jeder Tag solche Momente bereithält. Oft jedoch nehmen wir sie nicht wahr, weil unsere Aufmerksamkeit von anderen Dingen beansprucht ist. Gelingt es uns, den Fokus für die kleinen Wunder des Alltags zu schärfen, werden wir öfter die Möglichkeit erleben, glücklich zu sein. Dann erfüllt sich die alte asiatische Weisheit: „Es gibt keinen Weg ins Glück. Glück ist der Weg."Subjektive und genormte Zeit

Literatur

Bücher

1. Backhaus M (2001) Nie mehr Stress. Rastatt
2. Baus L (2010) E-Mail-Flut statt Büffeljagd. Ein Anti-Stress-Buch für Vielbeschäftigte. Offenbach
3. Baus L (2010) Nach dem Job. Ein Selbsthilfe-Buch für den Übergang in die dritte Lebensphase. München
4. Beck CJ (2011) Zen im Alltag. München
5. Bleuler E (1983) Lehrbuch der Psychiatrie. Berlin
6. Boos E (2009) Das große Buch der Kreativitätstechniken. München
7. Brunton P (1981) Der Weg nach innen. München
8. Buzan T, Buzan B (2013) Das Mind-Map-Buch: Die beste Methode zur Steigerung Ihres geistigen Potenzials. München
9. Cloud H, Townsend J (2012) Nein sagen ohne Schuldgefühle. Gesunde Grenzen setzen. Holzgerlingen
10. Cobaugh HM, Schwerdtfeger S (2005) Work-life-balance. München
11. Csíkszentmihályi M (2014) Flow. Das Geheimnis des Glücks. Stuttgart
12. Edward BD (2005) De Bonos neue Denkschule. Heidelberg
13. Fontana D (2003) Einführung in die Zen-Meditation. Der Weg durch das torlose Tor. Berlin
14. Fritz H (2003) Besser leben mit Work-Life-Balance. Wie Sie Karriere, Freizeit und Familie in Einklang bringen. Frankfurt a. M.
15. Goleman D (2014) Konzentriert Euch! Eine Anleitung zum modernen Leben. München
16. Goleman D, Kaufman P, Ray M (2000) Kreativität entdecken. München
17. Grün A (2010) Perlen der Weisheit. Freiburg
18. Grün A (2013) Das Buch der Lebenskunst. Freiburg
19. Harrison S (2005) Nichts tun. Ein Leitfaden zur inneren Freiheit. München
20. Herwig U (2001) Zeit managen. München
21. Jäger W (2003) In jedem Jetzt ist Ewigkeit. Worte für alle Tage. München
22. Jäger W (2006) Ganz Mensch sein (Audio-CD). Holzkirchen
23. Jäger W (2010) Das Leben endet nie. Über das Ankommen im Jetzt. Freiburg
24. Kabat-Zinn J (1982) An outpatient program in behavioral medicine for chronic pain patients based on the practice of mindfulness meditation. Theoretical considerations and preliminary results. Gen Hosp Psychiatry 4(1):33–47

L. Baus, *Selbstmanagement: Die Arbeit ist ein ewiger Fluss*,
DOI 10.1007/978-3-658-09593-2

25. Kabat-Zinn J (2012) Mindfulness for life. The Glendom Association (DVD), Mill Valley (Interview)
26. Kabat-Zinn J (2013) Achtsamkeit für Anfänger. Freiburg
27. Kabat-Zinn J (2013) Full catastrophe living. Using the wisdom of your body and mind to face stress, pain, and illness. New York
28. Klein S (2006) Zeit. Der Stoff aus dem das Leben ist. Frankfurt a. M.
29. Kornfield J (2015) www.buddhistische-weisheiten.org/jack-kornfield/1/. Stand Mai
30. Lesch M, Förder G (2004) Kinesiologie, Aus dem Stress in die Balance. München
31. Löhmer C, Standhardt R (2012) Timeout statt Burnout. Einübung in die Lebenskunst der Achtsamkeit. Stuttgart
32. Long A, Schweppe R (2010) Die 7 Geheimnisse der Schildkröte. Den Alltag entschleunigen, das Leben entdecken. München
33. Meier U (2010) Du bist die Entscheidung. Schnell und entschlossen handeln. Frankfurt a. M.
34. Niermeyer R, Seiffert M (2002) Motivation. München
35. Nöllke M (2010) Entscheidungen treffen. Schnell, sicher, richtig. München
36. Pörner G (2013) Nein sagen will gelernt sein. Erfolgreich Grenzen setzen. Berlin
37. Ritskes R (2003) Der Zen-Manager. München
38. Roenneberg T (2012) Wie wir ticken. Die Bedeutung der Chonobiologie für uns. Köln
39. Rosenberg C (2002) Endlich stressfrei! Das Fitnessprogramm für mehr Lebensqualität. München
40. Seiwert LJ (2001) Mehr Zeit für das Wesentliche. Landsberg/Lech
41. Seiwert LJ (2002) Das Bumerang-Prinzip. Mehr Zeit fürs Glück. München
42. Seiwert LJ (2003) Wenn Du es eilig hast, gehe langsam. Mehr Zeit in einer beschleunigten Welt. Frankfurt a. M.
43. Sellin R (2014) Bis hierher und nicht weiter. Wie Sie sich zentrieren, Grenzen setzen und gut für sich sorgen. München
44. Servan-Schreiber D (2006) Die neue Medizin der Emotionen. Stress, Angst, Depression – Gesund werden ohne Medikamente. München
45. Storch M (2011) Das Geheimnis kluger Entscheidungen. Von Bauchgefühl und Körpersignalen. München
46. Sonntag R (2009) Blitzschnell entspannt. 100 verblüffend leichte Wege stressige Alltagssituationen zu bewältigen. Stuttgart
47. Spork P (2004) Das Uhrwerk der Natur. Chronobiologie – Leben mit der Zeit. Reinbek
48. Stark M, Sandmeyer P (2001) Wenn die Seele S.O.S. funkt. Fitnesskur gegen Stress und Überlastung. Hamburg
49. Suzuki S (2009) Zen-Geist Anfänger-Geist. Freiburg
50. Thoreau HD (2007) Walden. Ein Leben mit der Natur. München
51. Turner L (2004) Meditation. Köln
52. Wagner-Link A (2013) Aktive Entspannung und Stressbewältigung. Wirksame Methoden für Vielbeschäftigte Renningen
53. Wilker J, Sutherland W (2011) Das Einmaleins der Achtsamkeit. Vom sorgsamen Umgang mit alltäglichen Gefühlen. Freiburg
54. Zulley J, Knab B (2014) Unsere innere Uhr. Natürliche Rhythmen nutzen und der Non-Stop-Belastung entgehen. Frankfurt a. M.

Themenhefte

55. Der Spiegel Wissen Nr. 4/2010: Mehr Zeit. Vom richtigen Umgang mit einem kostbaren Gut
56. Der Spiegel Wissen Nr. 1/2011: Das überforderte Ich. Stress, Burnout, Depression
57. Der Spiegel Wissen Nr. 1/2013: Einfach leben. Die Kunst, sich selbst zu finden
58. Die Zeit Wissen Ratgeber Nr. 3/2011: Anleitung für ein besseres Leben. Wie wir die Balance zwischen Arbeit und privatem Glück finden
59. Die Zeit Wissen Ratgeber Nr. 2/2013: So entspannen Sie richtig. Neue Kraft für den Alltag
60. Gehirn & Geist Nr. 12/2006: Kein Stress! Durch Achtsamkeit zu mehr Ruhe und Gelassenheit
61. Gehirn & Geist Dossier Nr. 2/2008: Besser leben. Was Körper und Psyche guttut
62. Geo Nr. 3/2002: Zivilisationsplage Stress – Die Ursachen, die Folgen, die Auswege
63. Geo Nr. 8/2014: Lob des Nichtstuns. Wie wichtig es für Körper und Seele ist. Und für unsere Gesellschaft
64. Geo Kompakt Nr. 40: Wege aus dem Stress. Wie sich Burnout, Ängste und Depressionen überwinden lassen
65. Geo Wissen Nr. 34/2004: Was im Leben wirklich zählt. Partnerschaft und Familie
66. Geo Wissen Nr. 48/2011: Was die Seele stark macht. Hilfe bei Burnout, Ängsten, Depression
67. managerSeminare Heft 51/2001: Die Bausteine des Lebens. Work-Life-Balance
68. managerSeminare Heft 73/2004: Mehr Mut zum Loslassen. Work-Life-Balance
69. Psychologie Heute Heft 7/2003: Das Prinzip Achtsamkeit. So haben Sie mehr vom Leben!
70. Psychologie Heute Compact Heft 8/2003: Was gibt dem Leben Sinn? Glück, Glaube, Gott
71. Psychologie Heute Compact Heft 17/2007: Glücksmomente. Was das Leben gelingen lässt
72. Stern Nr. 28/2003: Einfacher und ruhiger Leben. Der neue Trend: „Entschleunigung“
73. Stern Spezial „Gesund Leben“ Nr. 4/2004: Der große Ernährungs-Check. Was der Körper wirklich braucht
74. Stern Spezial „Gesund Leben“ Nr. 1/2011: So gelingt der Neuanfang. Weniger Stress, in Bewegung kommen, Abnehmen
75. Stern Spezial „Gesund Leben“ Nr. 3/2011: Sehnsucht nach Ruhe. Was gegen Stress und Erschöpfung wirklich hilft
76. Stern Spezial „Gesund Leben“ Nr. 6/2014: Achtsamer leben, zu sich kommen. Wie wir uns schützen, wenn alles zu viel wird

12611456R00105

Printed in Germany
by Amazon Distribution
GmbH, Leipzig